# FEARLESS GENIUS

The Digital Revolution
In Silicon Valley
1985 - 2000

DOUG MENUEZ

$4 \times 10^{-7}/A.$

$5mV/10$    $500\mu V.$    $5 \times 10^{-4}/25.$
$2 \times 10^{-5}/nm$
$2 \times 10^{-6}/\mathring{A}$

$1 \times 10^{-4}/25$

$1mV/10$  $100\mu V$    $2 \times 10^{-6}/nm$
$2 \times 10^{-7}/\mathring{A}$
$2 \times 10$
$2mV/10,$

$3 \times 10^{-5}$

$V_{out}$

$7.5mV/10$

$10A/$

$.5$    $25$

$300$

$0.1 \ mV$

# FEARLESS GENIUS

The Digital Revolution
In Silicon Valley
1985 - 2000

DOUG MENUEZ

FOREWORD BY **ELLIOTT ERWITT**
INTRODUCTION BY **KURT ANDERSEN**

道格·曼紐 著　張怡沁 譯

## 賈伯斯與他的時代
-- 那些無所畏懼的天才們

1985－2000 矽谷數位革命·影像全紀錄

Previous Spread
The Mathematical Equations of a Nobel Prize Winner.
Zurich, Switzerland, 1997.

諾貝爾獎得主的數學方程式（前面單頁）
瑞士蘇黎世，1997 年

1986 年諾貝爾物理學獎得主格爾德・賓尼（Gerd Binnig）在白板寫下許多符號，解釋他在 IBM 微米與奈米力學實驗室的奈米科技研究。賓尼的物理學獎是與已故的海因里希・羅雷爾（Heinrich Rohrer）共同獲得，獲獎研究是發明掃描隧道顯微鏡（scanning tunneling microscope，STM），這個裝置是科學史上數一數二的突出成就，兩位科學家也被視為奈米科技之父。奈米科學這個領域帶來很多創新，像是癌症標靶藥物、抗愛滋病毒保險套、3D 列印出來的玩具（以及皮膚）、人工肌肉及自復性塑膠（self-healing plastic）等。儘管這些發展看來都十分有用處，但很多人也提出警告，這種新科技的力量龐大無窮，讓科學家計量並操縱原子，可能對人類帶來潛在威脅。

PED0384

# 賈伯斯與他的時代── 那些無所畏懼的天才們

## 1985 - 2000 矽 谷 數 位 革 命 · 影 像 全 紀 錄

FEARLESS GENIUS : THE DIGITAL REVOLUTION IN SILICON VALLEY 1985-2000

作者　道格・曼紐 Doug Menuez｜譯者　張怡沁｜主編　陳盈華｜美術設計　林宜賢｜執行企劃　楊齡媛｜董事長・總經理　趙政岷｜總編輯　余宜芳｜出版者　時報文化出版企業股份有限公司　10803 臺北市和平西路三段 240 號 3 樓　發行專線—(02)2306-6842　讀者服務專線—0800-231-705・(02)2304-7103　讀者服務傳真—(02)2304-6858　郵撥—19344724 時報文化出版公司　信箱—台北郵政 79-99 信箱　時報悅讀網—http://www.readingtimes.com.tw｜法律顧問　理律法律事務所　陳長文律師、李念祖律師｜印刷　詠豐印刷有限公司｜初版一刷　2014 年 9 月 26 日｜定價　新台幣 580 元｜行政院新聞局局版北市業字第 80 號｜版權所有　翻印必究（缺頁或破損的書，請寄回更換）

賈伯斯與他的時代──那些無所畏懼的天才們 / 道格・曼紐（Doug Menuez）著；張怡沁譯 -- 初版 .-- 臺北市：時報文化，2014.9
　　面；　公分　（PEOPLE 叢書；384）譯自：Fearless Genius: The Digital Revolution in Silicon Valley 1985-2000
ISBN 978-957-13-6066-9（精裝）
1. 電腦資訊業 2. 歷史 3. 攝影集 4. 美國

484.67　　　　　　　　　　　　　　　　　　　　　　　　　　　　　　　　　103016684

獻給永遠的摯愛──特瑞莎與保羅
也獻給過去世人眼中的怪咖與異類
現在他們如巨人般邁開大步
巡行自己創造的技術遊樂園。
別小看新一代科技小子！

# Contents

# Foreword
# by Elliott Erwitt

Photographing the unphotographable has long been the passion and the mission of Doug Menuez. How does one photograph genius? How does one visually communicate the creation and dynamics of world-altering concepts and somehow give insights into the personality of the men and women responsible, the people who essentially just sit and think and in so doing profoundly change our lives?

艾利歐 · 艾維
Elliott Erwitt

當代攝影大家。1928 年生於巴黎。1953 年，獲馬格蘭攝影通訊社（Magnum Photo）創辦人之一羅伯特 · 卡帕（Robert Capa）之邀加入協會；於 1968 年成為協會總裁，並連三任。半世紀以來創作不輟，曾出版三十多本攝影集，亦曾在現代藝術博物館（Museum of Modern Art）、攝影國際中心（International Center of Photography）、芝加哥藝術博物館（Art Institute of Chicago）、史密森尼學會（Smithsonian Institution）等機構舉行個展。

# 序
# 艾利歐・艾維

拍攝那些難以捕捉的對象，始終是道格・曼紐的熱情所在，也是他的使命。你怎麼可能拍攝天才呢？你該如何光用視覺來傳達這些改變世界的概念，及其背後生成與激盪的過程，並多少讓我們一窺這些從業男女的性格，看到這些人居然只是坐著思索就能從根部顛覆我們的生活——這要如何辦到？

答案是，請道格・曼紐出馬。

拍攝長達數小時的企業會議，與絞盡腦汁、散坐其間、精神渙散的人，實在不是什麼好看而吸引人的題材。但曼紐長期駐紮在矽谷數位戰壕，工作起來殫精竭慮，不下於他的拍攝對象。曼紐盡可能深度捕捉這些（絕大多數看起來）謎樣人物的心智與思考過程。他們在過去與未來都超乎想像地影響了我們的生活，讀者只要翻開本書，每一頁都記錄了這短短十五年驚人科技演變的軌跡。

所有偉大的群體中，總有個鶴立雞群的耀眼人物，照得我們凡夫俗子目眩神迷，期望挖掘這個人的不同面向；正如耶穌之於宗教，拿破崙之於戰事，托馬斯・潘恩（Thomas Paine）之於革命，

瑪麗蓮・夢露（Marilyn Monroe）之於電影，史帝夫・賈伯斯（Steve Jobs）之於電腦技客，艾爾・卡彭（Al Capone）之於黑幫，葛培理牧師（Billy Graham）之於福音佈道，亞伯拉罕・林肯（Abraham Lincoln）之於政治，或者牛頓（Isaac Newton）之於數學。賈伯斯是如此複雜的個體，當然歸類於上述的獨特族群。他的英年早逝，使得一般人更加好奇他的內心世界。自然，有這樣獨家影像記錄的攝影集問世，委實太幸運了；本書提供了一個充滿洞見的管道，貼身觀察賈伯斯與他的同代人。

曼紐親臨現場，手持相機，記錄了數位現象的萌芽階段。他與其中許多重要主角都有深交，也將他的攝影專業和天賦推到極致，見證了這個場域與這段時間裡，曾經出現的一批絕頂聰明的秀異天才。

# Introduction
# by Kurt Andersen

Like everyone in Silicon Valley in 1985, Doug Menuez was twenty-eight. During the previous four years IBM had introduced the first PC and Apple had brought out the first Mac, and six years hence the World Wide Web would be born. Like everyone else in Silicon Valley in 1985, Menuez was smart and curious and energetic, with a sense that he'd stumbled into exactly the right place at precisely the right time, that the future was being invented by twenty-eight-yearolds staring at screens and pecking at keyboards all over the suburbs south of San Francisco. If he were a poet instead of a poetic photojournalist, he might now be chronicling those giddy days the way William Wordsworth recalled the beginnings of the French Revolution two decades after his idealistic youth in Paris:

寇特 · 安德森
Kurt Andersen

--

著有廣受好評的暢銷小說《真實信徒》（*True Believers*）、《鼎盛時期》（*Heyday*）、《世紀之交》（*Turn of the Century*），非小說作品包括《重新啟動》（*Reset*）與《貨真價實》（*The Real Thing*）。此外，他還是皮巴迪（Peabody）獲獎的公共廣播節目「Studio 360」主持人。安德森定期為《浮華》雜誌與《紐約時報》撰稿。他曾與人創辦《Spy》雜誌、線上新聞服務 Inside 及 Very Short List；也曾擔任《紐約》雜誌總編輯、《Colors》編輯總監、《時代》雜誌設計評論以及《紐約客》（*The New Yorker*）雜誌專欄作家。

# 引言
# 寇特‧安德森

1985 那年，道格‧曼紐跟每個矽谷人一樣，年方 28 歲。過去四年間，IBM 推出第一台個人電腦，蘋果也發表了第一台麥金塔；接下來六年裡，網際網路即將誕生。曼紐跟每個矽谷人一樣，聰明好奇、活力充沛，約莫看出自已正好在恰好的時點裡踏進了對的地方，在舊金山以南的郊區，一群盯著電腦敲打鍵盤的 28 歲青年，即將發明新的未來。如果曼紐不是如此詩意的攝影師，而是一位詩人，他記錄那個目眩神迷的時代，或許會像華茲華斯在巴黎度過充滿理想的二十年青春歲月後，如此書寫巴黎大革命初期：

能活在那個黎明，已是幸福，
若再加上年輕，更勝天堂！——噢！時代！
其中的微薄、陳舊、禁忌的形式，
來自風俗、法律、塑像的規範，
奪走一浪漫國家的風采！
理性貌似最能主張權利，
而多數企圖化身為首席女妖推波助瀾，
那麼一切將以她為名而前進！

1985 年的曼紐剛結束衣索匹亞乾旱與內戰的拍攝工作，想找個新的長期案子，不必再記錄那些苦難與絕望。當時的賈伯斯正被自己創立的公司掃地出門，打算開始他的新專案，這個案子不必再取悅大眾市場電腦公司裡的短視董事會與股東。於是曼紐得到賈伯斯同意，能自由進出他剛起步的新公司 NeXT 進行拍攝，而《生活》（Life）雜誌也承諾買下曼紐的照片，刊登賈伯斯全新

作品的誕生過程。接下來，曼紐每天從加州的馬林郡（Marin）開車到紅木市（Redwood City），待在 NeXT 裡閒談交際與拍攝照片。整整三年後，NeXT 電腦終於準備問世，果不其然，賈伯斯──呃，大家也知道的──很遺憾的變卦了。「我還是覺得《生活》雜誌爛透了，」賈伯斯告訴曼紐，「不過你放心，總有一天，這些照片會讓你無比痛快的！」

結果呢──似乎往往如此──賈伯斯的直覺一點不錯。在矽谷，賈伯斯是出了名的難對付，而且為人低調保密，現在大家都知道曼紐得到自由出入 NeXT 的特權，因此他像是掌握了出版許可般，在接下來的十幾年間，曼紐拿到後台通行證，在矽谷的科技震央暢行無阻。以曼紐的話來說，他當時是「毫不受限的紀實藝術家」，在奧多比（Adobe）四處遊蕩，目睹 Photoshop 的誕生；也同樣地自由通行於英特爾、昇陽電腦、NetObjects、KPCB（Kleiner Perkins）創投以及蘋果電腦。曼紐像是被安置到部隊中的獨特位置，參與數位革命各個前線的戰事。而他這種暢行各企業的自由，在矽谷文化分外難能可貴──儘管矽谷表面標榜著吃披薩踢足球的隨性自在，但是敵對陣營在數位未來互相較勁、競爭之激烈瘋狂，已瀕臨極端偏執的程度。

在這十年萌芽時期，矽谷人單純夢想著如何把腦海中新奇特別的世界化為真實，不論這層意義為何，矽谷人希望將史無前例的溝通技術、知識傳播以及創意的展現化為可能。曼紐的父親是芝加哥社區工作者，他自然能理解這些理念。灣區自淘金熱以來，即有著豐富的非主流文化，夢想完美的生活形式，這一切促成了現代童話故事的開端；而烏托邦的理念也深入灣區肌理，加上加州海岸舒適宜人的氣候與不斷自我創新的風氣在

旁推波助瀾，於是這些令人目眩的科技怪傑聚集生根，於世紀之交茁壯興起，再沒有如此順理成章的所在了。

在北加州嬰兒潮那一代的眼中，即便是失敗也可以是自我實現的機會。「成功帶來的沉重之感，」賈伯斯如此定義他被迫離開蘋果後的流浪時期，「因為再次回到初學者身份而消失了。代之而起的是輕盈、對一切更不確定。這解放了我，於是我進入了這輩子最有創造力的幾個時期之一。」

世界上應該沒有比矽谷更具嬰兒潮色彩的地方了，賈伯斯就是矽谷的化身──身著牛仔褲，散發著「現實扭曲力場」的執行長；性情易感、反主流文化的浪漫主義者；同時又是脾氣粗暴的大亨；心態永遠不老的工匠，執意消滅玩具與工具、工作與娛樂之間的陳舊界線。（若想看看矽谷上一代科技人的樣貌，請翻到本書第 136 頁「貝克曼儀器公司的工程師」。）當然這絕非湊巧，嬰兒潮湧進的正是本書描述的年代──最年輕的在 1985 年正值 21 歲，最年長的在 2000 年是 54 歲；他們占領了文化與經濟的甜蜜點，年紀上不再是孩子，但也尚未老去。他們裝備了技術與意志，打算重塑這個世界。約翰·史考利（John Sculley）沒能成為矽谷英雄的絕大因素是，他不光是外來者，而且還是上一代的老人──史考利成為執行長並主導蘋果時，已經 44 歲了。

曼紐的影像無與倫比，讓一個毫無美感的虛擬馬戲班變得豐富而耐人尋味。靠著曼紐的藝術造詣，為我們點出了乏味無趣的辦公園區裡，埋伏的戲劇與熱情。但這些影像也道出深沉的諷刺，在這陽光燦爛，充斥天然的翠綠、碧藍與黃金色調的所在，曼紐選擇黑白色調，且拍攝場景幾乎

全在室內，以一種自覺而老派的手法捕捉這場黎明。再者，曼紐記錄這場數位革命的媒介是 19 世紀興起的底片，正是這場革命要淘汰的對象之一。

進行這樣一個沒有結案時間的拍攝計畫，你怎麼知道何時該結束呢？對曼紐來說，一切的尾聲再清楚不過了。1994 年末，網景（Netscape）瀏覽器問世，這出自一位甫自大學畢業，從伊利諾州搬到加州山景城（Mountain View）的駭客之手。這就是了！於是史上頭一遭，人人都能免費而輕鬆地連上網際網路，電腦相互連結化為真實！資訊希望免費且自由流通！在 1995 年夏天，金融界以外的大眾還不熟悉公開募資與貨幣化，然而網景掛牌上市，估計市值從不到一年前的 2,100 萬美元衝上 29 億美元。矽谷的時代精神至此經歷了一場震盪與轉變，儘管組成份子依舊是創造軟體與硬體裝置的年輕人，但卻從專研科技為目標的先驅者，轉變為各方湧來的淘金客。他們並非全是過去那些忍受低薪待遇、執著研發的科技工匠，也不全然是後來那些擬好退場計畫的搶錢一族。但無論如何，這個微積分變得太突然、太全面，毫無轉圜餘地。

對曼紐來說，終場時刻就是 NetObjects 的隕落。這間位於加州紅木市的新創企業推出了 Fusion 軟體，讓一般人也能製作網頁。NetObjects 於 1999 年首次公開募資，就在達康泡沫崩解之前。公司的市值達到 15 億美元，是企業收益的 51 倍，也是今日 Google 企業倍數的 10 倍。「那是一個時代的終結，」曼紐說，「我的工作結束了。」

數位革命揭開第二部，這裡的重點是廣告行銷與無孔不入，小應用程式與大眾規模，他們以 20 世紀末期工匠的科技突破為基礎，創造龐大的新工業複合體。曼紐剛進入矽谷拍攝時，網際網路尚未出現，幾乎無人擁有手機；賴利·佩吉（Larry Page）與謝爾蓋·布林（Sergey Brin）還在念初中，馬克·祖克伯（Mark Zuckerberg）尚在襁褓。等到曼紐歷經十五年的工作結束，帶走 25 萬張負片（相當於每天拍攝 45 張），幾乎半數的美國人都能連上網路了，也持有手機；佩吉與布林創辦 Google；讀高中的祖克伯寫出即時通訊軟體以及記錄收聽習慣的音樂程式。革命的第二部相當令人震撼。但第一部那個奮不顧身，無所畏懼，屬於天才而且更為純真的年代呢？「能活在那個黎明，已是幸福。」

# A Trillion Lines of Code
# by Doug Menuez

In the last decades of the twentieth century, a brilliant, eccentric tribe sparked an explosion of innovation that today we know as the digital revolution.

# 一兆條程式碼
## 道格‧曼紐

20 世紀末了的數十年間，一個絕頂聰明而行事特異的族群，點燃了一個接一個的創新火花——這正是我們今日所稱的數位革命。

　　我花了十五年的時間記錄這個族群——工程師、創業者以及創投家——的奮鬥，以及他們所發明的，改變人類的行為、文化與我們看待自我之方式的科技。這個族群的棲地，就是矽谷。

　　我在他們之間盡量低調安靜地出沒，進行拍攝，為他們的日常生活留下視覺記錄。他們帶給世人功能強大的新工具，釋放我們潛藏的創造力，也啟動了過去世界不曾有過的大規模經濟增長。

　　我在之前多是記錄紐約市的街頭生活、舊金山藝術學校，以至於國際攝影主題；而我的攝影生涯竟帶我來到矽谷，這點我與一般人同樣始料未及。不管怎樣，1980 年代中期，我畢竟準備要迎接一些出乎意料的挑戰了。那時拍攝的悲劇故事已榨乾我的能量，像是愛滋病危機與遊

民問題、奧克蘭反毒戰爭、損失慘重的水災、森林大火，還有地震。我看夠了人類苦難與死亡。1985 年春天，我第一次來到非洲，拍攝內戰與乾旱帶來的大饑荒。這場人類浩劫實在超出我的理解能力，即便我是資深的新聞攝影工作者，依舊不得不自問這個工作的本質到底是什麼。於是我著手尋找其他主題，希望能呈現人類更正面的未來。你對著任何一個方向投石子，都可能命中不公與悲傷；但如果我能發現充滿希望與意義的主題，實際呈現給世人，那麼拍攝這些主題同樣能為我找出人生的意義。此時賈伯斯出現了。

　　我還記得當時聽說賈伯斯的職涯聲勢正如日中天，卻被迫離開他創辦的蘋果電腦。他正著手開展一間名為 NeXT 的新公司，打算創造一台能改變教育界的超級電腦。賈伯斯的盤算是，將主機的運算力濃縮進一尺見方的立方體，價格可親，

讓學生使用。這引起我的興趣。我曾在許多雜誌拍攝中看到，教育是很多社會問題的根本與決定性的解藥。這很可能是我理想中的題材，賈伯斯曾經以 Apple II 及麥金塔電腦改變了世界，我想他有辦法再次成功。儘管這是很高的賭注。

我請一位朋友與賈伯斯接觸，很快的就跟 NeXT 創意總監蘇珊·凱爾（Susan Kare）提出我的點子。我要求能在接下來幾年跟著賈伯斯與他的團隊，享有充分的行動自由，拍攝他們設計、打造及裝運 NeXT 電腦；我也希望從這個過程中了解賈伯斯的創新模式。凱爾認為這個時機非常好，因為賈伯斯也正想做類似的事。他深信 NeXT 會拿出改變歷史的成品，於是我們敲定了會面。

同時間我也告訴《生活》雜誌當時的影像編輯彼得·霍爾（Peter Howe），賈伯斯是新一代蜂湧至矽谷的理想主義者的化身。經由拍攝他的過程，我可以了解他如何創造出突破性的產品，說不定還能挖掘出矽谷裡更有意義的故事。霍爾同意讓我放手去拍，這種開放式的合作案子非常少有。現在我只需要說服賈伯斯了。

於是 1985 年的秋天，我開車前往帕羅奧圖（Palo Alto）見見賈伯斯與他的團隊。我將車子停在那棟毫不起眼的辦公大樓旁，附近是史丹福大學校園。當時沒有皮克斯（Pixar），iMac、iPod、iPhone、iPad 尚未出世，而美國企業史上最偉大的東山再起也尚未發生；賈伯斯就在這幢辦公大樓裡，開始一場沒人料到會持續十年的艱辛奮鬥。他那段於黑暗荒野裡飽嚐苦澀的失落與失敗的長征，也尚未到來。幾年後，從 NeXT 的灰燼中萌生了蘋果再起的種子，將賈伯斯永遠釘上歷史的位置。我當時對往後的發展毫無所覺，

但無論發生什麼，我都決心要記錄下來。

我走進大樓裡，凱爾下樓來迎接我，隨行的還有 NeXT 行銷業務副總裁丹諾·陸文（Dan'l Lewin）。凱爾說他們已經跟賈伯斯開過會，他也完全支持這個點子，我可以拍所有我想拍的東西，也不會有公關人員在旁監視。這個好消息真是讓我喜出望外，我正坐著慢慢消化時，賈伯斯走下樓梯，給我一個大大的微笑。我們大約花了一分鐘談論這個計畫，他與我握手道別，「好！太好了！」接著便繼續走向大廳。可以進行了。我提起相機，開始工作。

賈伯斯的世代是得到了 60 年代的感性澆灌，加上多年經濟成長的扶植。在這歷史上的獨特階段出現了新的反傳統勢力，他們是顛覆者，衝擊矽谷原有的工程師——過去太空競爭時代的前驅。老一輩的科技專家帶著危機層出不窮的觀點看世界：第二次世界大戰、韓戰、冷戰、核子武器興起、蘇俄發射史普尼克號（Sputnik）震驚世人，以及後續的太空探險風潮。他們服務的公司多半是替美國太空總署（NASA）與國防部研發系統與產品，這些人上班時穿西裝打領帶、留著小平頭，維持著軍事管理般的工作紀律。

然而新來人種卻蓄著長髮，身穿牛仔褲、腳踩涼鞋，致力運用科技力量，讓一般大眾都有電腦可用。賈伯斯的新公司，就是希望創造出他理想中簡單好用的電腦，特別為學生與教育工作者打造，讓他們擁有運算與創造的能力，以更快速、更優異的方式來呈現自己的理念。

我花了三年在 NeXT 密集拍攝，一直累積到 1988 年 10 月 NeXT 電腦上市的那一刻，卻也是一個百感交集的里程碑——賈伯斯跟他的公關

團隊決定放棄《生活》雜誌的報導。他認為《生活》變得一點也不酷了，而且他們畢竟收到八十幾家雜誌的封面故事邀約，自可從中挑選一家發表上市新聞。要放棄這些年的成果委實艱難，但賈伯斯為我指引了一線遠景，他說服我，總有一天這些成果會讓世人看見。有了賈伯斯持續的鼓勵，我決定擴大這個拍攝計畫，盡可能納入矽谷的點點滴滴。

賈伯斯既然讓我在他的公司自由進出，於是矽谷其他許多重要的創新公司也給了我同樣的特權。包括奧多比創辦人約翰·沃納克（John Warnock）與查克·葛許克（Chuck Geschke）、賈伯斯在蘋果的死對頭約翰·史考利、KPCB的創投家約翰·杜爾（L. John Doerr）、微軟的比爾·蓋茲（Bill Gates）、歐特克（Autodesk）的卡羅·巴茲（Carol Bartz）、昇陽電腦的比爾·喬伊（Bill Joy）、英特爾的高登·摩爾（Gordon Moore）與安迪·葛洛夫（Andy Grove）、網景的馬克·安德生（Marc Andreessen）、NetObjects的薩米爾·阿羅拉（Samir Arora），以及其它超過七十家企業。

我拍攝了許多家硬體製造公司，產品無所不包，從個人電腦、工作站、主機、克雷（Cray）製造的超級電腦，以及配有觸控筆的手持電腦，到虛擬實境目鏡與電玩週邊裝置、晶片製造廠、電信與網路公司；也有軟體公司，他們的產品包括桌上排版、商用軟體、賭博與娛樂；另外還有很多新創企業，甚至還加上生物科技創投。有些公司是聽說了我的計畫而找上我，也有些是我得到內部消息，有個特別的案子要進行，那麼我也會找上那家公司。那幾年間我還是維持定期與雜誌合作的拍攝以及廣告客戶的案子，有時候這些案子也會重疊。

拍攝時我心裡有幾個關注的重點。首先，我想記錄的是公司內部員工的日常點滴，捕捉員工互動的瞬間、沒有公關的監視，同時我想發掘行為與情緒的模式。我希望了解科技的人性面，也很好奇究竟為什麼有些人能起身對抗所有難以逾越的障礙，背後的動機究竟是什麼；而為什麼又有些人如此強烈反對任何冒險行為。有的人喜歡自己開公司，有的人寧願為組織工作。不過矽谷似乎吸引了大批願意冒險的人，而我最有興趣的或許是創新的本質，我也想找出最能孕育創造力的到底是什麼。

其次，我也開始拍攝靜物、文件，以及環境。我讀過視覺人類學（visual anthropology），這些可能是往後可用的資料，有人可以解碼，並且對這個深深吸引我的新文化提出詮釋與結論。這個文化有自己的語言、社會禮儀與風俗，這些或許很快就會發散出來，更廣泛地影響社會。

我特別注意的還有各種外顯的壓力跡象。脆弱面的展現相當不符合科技公司的公眾形象——無所不能、光鮮亮麗的外表。就算分崩離析迫在眉睫，強大的公關部門依舊能投射出這樣完美的形象。

我感興趣的還有矽谷裡的女性角色，以及性別的多樣（或單一化）會造成的影響。世界觀的不同，會不會影響到程式碼的產出？而這對終端使用者而言又有什麼意義？

這段時期，創新步伐持續加速，影響了企業架構與工作的本質。當整個國家放大了新科技研發與製造的比重，那麼全球企業環境就成了基本的考量因素。我進行這個計畫時，矽谷早已是美國製造重鎮，美國經濟也從鋼鐵與汽車業轉向晶片

與資訊業；然而轉變的步調如此極端，等到我結束計畫時，矽谷也得將日以繼夜生產的工廠移向海外。美國逐漸脫離了以製造業為基礎的經濟，邁向資訊經濟的時代。

本書書名「無所畏懼的天才」，是指我觀察的這些人。有的智力極高，特別是數學與科學方面的天才；也有人是充滿遠見的天才，同時勇於促成自己的理想開花結果，就算可能半途凋萎也不惜犧牲一切，像是健康、家庭、精神、事業。研發新科技所需的犧牲十分巨大，外人難以理解。婚姻因此崩解；母親離不開實驗室，只好把寶寶帶在身旁；工程師精神錯亂；而我認識的某位年輕程式設計師因此自殺。有些人因詐欺案入獄。有人賠了好幾百萬，賺了數十億的也所在多有。失敗是必經的過程，正如同驚人的成功案例，都與矽谷密不可分。

我也不少次目睹了單純喜悅的片刻，或是深深滿足的瞬間。歷經艱苦的工作與失敗，工程師與團隊還是能突破困境。我常常完全被捲入這些人大起大落的情緒雲霄飛車，自然會因他們的突破而狂喜，看到他們挫敗也讓我不捨。我原本希望保持新聞攝影的客觀角色逐漸剝落，代之而起的是更主觀且詮釋性的角度。我繼續保持距離，但已無法完全維持中立，因為我已經成了團隊的一員。我希望他們成功做出大家都能用的機器，讓每個人受惠。

個人電腦產業急速成長，接下來是網際網路一飛沖天。1995 年網景首次公開募資獲得極大成功，開啟了網路時代，速度遠遠超過 1980 年代的密集瘋狂研發。我認識的每個人都投入達康公司，不是創業就是去上班。可惜的是，我過去見證的理想主義——工程師會說「我想為非洲的孩子打造電腦」之類的話——卻迅速化為難以持久的公開上市淘金熱。我剛開始拍攝時，從賈伯斯口中聽到的高貴理念如此引人入勝，充滿風險但又激勵人心；後來已經很難再看到了。

達康泡沫在 2000 年崩解，也是一個奇異年代的終結。我決定結束這個計畫，把 25 萬張負片暫時封存。我需要從科技抽身，好好休息。

史丹福大學在 2004 年買下我的影像紀錄，由他們的圖書館收藏，目的是保存並提供學者與歷史學家研究之用。他們的堅持與持續支持再度鼓舞了我，這本書也得以誕生。

我在矽谷目睹了這段關鍵年代，但這趟旅程並不夠成熟，也不能作為定論，這是毋庸置疑的。我就像一般的新聞攝影者，相信圖像的力量足以動搖人們對周遭世界的成見，或許還能推動改變社會。在矽谷拍攝的影像，記錄這些改變世界的人，捕捉他們生活的點滴。這是我的使命。我覺得受益良多。那些大方允許我拍攝的對象，我永遠銘感於心，也希望本書在某些方面能光耀這些人無與倫比的遺澤。

我拍攝的對象也同樣身負使命。他們知道自己能賺大錢，但這不是首要的目標。這些人想打造出改變一切的好東西；其中很多人希望提升人類的生活品質。為什麼使命如此重要？因為以金錢作為動機，其實不足以驅使多數人在困難當前仍堅持行經火堆。使命，是你認為什麼是這輩子值得完成的，以及你願意為夢想下的賭注。這是無形的人類精神，也是商業計畫無法量化的創造能量，但卻是所有成功突破現狀的科技所該具備的元素。

對於久經沙場的生意人，我所描述的狂熱分子聽來或許過於簡化，也太過浪漫了。他們在革命前期無私的奮鬥、打造新科技，而我見證的事實是，少了這股熱情、少了讓事情運作的執著心願，那麼一切都不可能成真。

我希望本書能激起對話，討論新科技的研發、對我們生活的衝擊，還有我們當前面對的挑戰。現在美國有數百萬的科學、科技、工程與數學的相關職缺找不到適當人才。自 2000 年起，美國就沒有出現重大科技創新，無法像過去個人電腦與相關產業一樣，創造出數百萬計的製造、行銷與工程就業機會。當然出售線上與社會網路顯然是變革性的運動，帶來創業機會；但其實也就不到五萬個全職工時，有福利與健保的傳統工作。

達康泡沫的衝擊帶來一項負面效應──將創新動能用力踩下剎車，因為投資人轉而追求短期而低風險的計畫。雖然矽谷現在正醞釀另一波風潮，同樣有不少很酷的點子，但都是可以迅速上市的應用程式，因為投資人希望在 18 個月內拿回本金與收益。高難度的重要科技研發，像是解決氣候變遷，需要「有耐性」的資金，但現在看不到了。好消息是，我們所處的平靜表象，很可能是科技波動二十五年週期中的正常動盪。正如蘋果共同創辦人史帝夫·沃茲尼克（Steve Wozniak）所說，你不可能每年都看到改變世界的產品。二十五年前的科技直到現在才開始成熟，我們也開始看到它的承諾化為真實，在實用層面上出現非常好用且兼具創意的各類產品。

而我們也可以看到一股特殊嶄新的科技研發風潮即將到來，推動重大的科技進展，包括基因組學（genomics）、奈米技術、感測器、量子計算、3D 列印技術及其它新科技。估計未來十二個月內，開發中國家會有 10 億人靠著便宜的智能耳機來到網路世界。這樣大量的人口參與數位革命，肯定帶來無窮盡的創意與點子，遠非我們所能想像。我們只能期望自己能在浪頭來臨時穩穩站上去。

我旅行世界各地，在每個角落都能看到矽谷創新的持續影響力。我每天都用到筆記型電腦、手機或是應用程式，這些事物的發源地，來自我當年走過的那些辦公室。矽谷一直是世上僅見，最偉大的創新引擎。新理想主義的痕跡在矽谷也很明顯。例如，史丹福大學最熱門的設計學校鼓勵「雙重盈餘」的企業成長，也就是為開發中國家提出可負擔而又實用的科技解決方案，同時又能維持獲利。比爾與梅琳達·蓋茲率領的一波充滿活力的慈善運動，已逐步延攬新加入矽谷的企業家，像是臉書、Google 和其它企業有自己的基金會；以及離開企業但在改善疾病、貧困與教育問題做出優異成績的創業者。

我們絕對可以從數位革命學到很多課題，有助於面對當前的挑戰。那些打造我們目前生活的天才以及他們的故事，很可能鼓舞下一代的工程師與創業家，激發他們突破時代的限制與期望，找到自己「不可能的任務」，想辦法化為可能，做出成果。

在龐大的生產製造過程下，我看到了發明新工具並促成千禧年人類進步所帶來的喜悅與原始動力。我看到人性中無法控制、飢渴而狂野的成分，這在今日的矽谷依舊存在。這批無所畏懼的天才具備能力，也將推動新的科技革命，或許還能完成上一代天才的承諾。因為，我們才剛剛開始想像，而他們已經預見了未來。

"I want some kid at Stanford to be able to cure cancer in his dorm room."

「我希望史丹福大學的哪個孩子，能在宿舍研究出治療癌症的方法。」

——賈伯斯，談到他對 NeXT 新推出的黑色立方電腦作業系統的期望。

—Steve Jobs, on his hopes for what his new black-cubed NeXT workstation would do.

The Day Ross Perot Gave Steve
Jobs $20 Million.
Fremont, California, 1986.

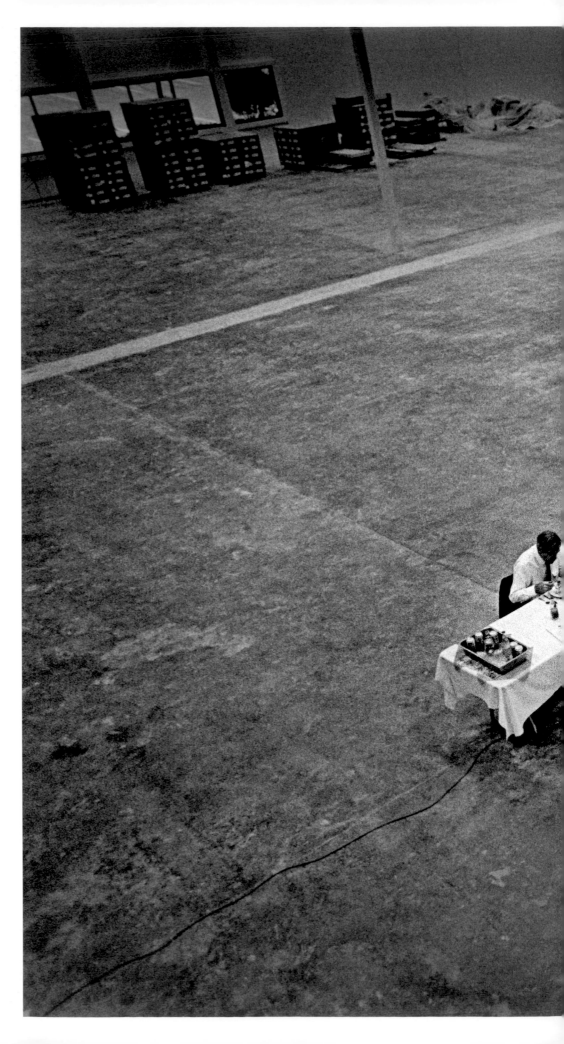

**羅斯・裴洛捐贈賈伯斯 2,000 萬美元**
加州費立蒙市，1986 年

賈伯斯是專門促成交易拍板定案的王牌
業務員，他很懂得營造充滿說服力的氣
氛與環境。這從當年他宴請羅斯・裴洛
與 NeXT 董事會成員的正式午宴就可以
看出來。這場午宴的地點居然選在一處
廢棄倉庫的正中央，賈伯斯打算以此作
為 NeXT 的工廠。他告訴裴洛，他們計
劃打造全世界最先進的機器人組裝線，
絕對「不需要人手」來組裝硬體。賈伯
斯預言，NeXT 會是矽谷最後一家年產
值 10 億美元的公司，每個月生產 10 萬
台電腦。裴洛當時正在推行美國教改運
動，賈伯斯的報告讓他印象深刻，還拿
出 2,000 萬美元投資，成為董事會重要
成員。這筆資金挹注也是 NeXT 繼續經
營的關鍵。

Steve Jobs Explaining Ten-Year Technology Development Cycles.
Sonoma, California, 1986.

**賈伯斯解釋十年科技發展循環**
加州索諾馬市，1986 年

▀▀

聽眾是 NeXT 的新團隊，場合是在公司外召開的會議。賈伯斯正在講述科技演變的十年循環波動。每過幾個月，賈伯斯會率領這間新創公司的員工及家屬前往一處鄉間僻靜地點，在那裡探討林林總總的科技議題。他會固定舉辦討論會，解釋他對公司的經營願景，鼓勵他的員工與優秀的共同創辦人一起參與，將夢想付諸實現。賈伯斯計劃將電冰箱大小的電腦主機縮小成一呎見方，具備同樣的運算能力，而且讓所有大學都買得起。他打算以此抓準下一波趨勢，藉此「改造教育」。我問他這代表什麼意思，他答道，他希望「哪個史丹福大學的孩子，能在宿舍研究出治療癌症的方法。」賈伯斯堅信這絕對可行，於是他的團隊也辦到了。然而在這個可敬目標的背後，賈伯斯其實意在討回公道，報復當初遭到蘋果的重要董事以及他親自挑選的執行長約翰‧史考利孤立，而後被趕出公司的羞辱。當時許多產業觀察家相信，NeXT 會迅速取得可觀的成績，賈伯斯也將重返榮耀。殊不知，這卻是接下來十年困苦掙扎，辛勤奮鬥的開端。

新創公司的起步
加州帕羅奧圖市，1985 年

▬▬

NeXT 共同創辦人蘇珊・凱爾在全新的
總部踱步。這棟位於鹿溪路（Deer Creek
Road）的總部還在招募新員工，空蕩蕩
的空間得改成辦公室與實驗室。在矽谷
成功的第一要件是偉大的點子、優秀的
團隊、豐沛的資金，以及實現夢想的地
方。失敗的指標之一，往往是一開始就
把錢花在昂貴的辦公家具上頭。但賈伯
斯在車庫裡創立蘋果，他決心讓第二家
公司一開始放眼望去都是最高檔的室內
設計。幾年後，NeXT 擴張成紅木市的
豪華辦公室，賈伯斯請來建築師貝聿銘
打造一座懸浮水泥階梯。

Steve Jobs Considers a Response.
Palo Alto, California, 1986.

## 賈伯斯思索如何回應
加州帕羅奧圖市，1986 年

**"**

NeXT 設計總監艾迪・李（Eddie Lee）說賈伯斯動怒時，有種「令人不寒而慄的笑法」。他會慢慢低下頭，嘴角似笑非笑，那表情讓人很不自在，然後你知道自己就要倒大楣了。NeXT 團隊在初期的幾次會議，像是照片中這次，在進行決策時都充滿緊繃氣氛，因為團隊是一面做一面寫營運計畫。有個關鍵決定就是為 NeXT 電腦打造硬體及軟體，這比起他們原先只打算設計軟體要困難得多，規模也更大。1986 年初，賈伯斯還在形塑 NeXT 的每一個細節，他也看出盧卡斯電影（Lucas Film）的數位動畫大有可為，這是很厲害的遠見。賈伯斯自己拿出 1,000 萬美元投資了一家新的子公司，取名為皮克斯（Pixar）。

Susan Kare Is Part of Your Daily Life.
Sonoma, California, 1987.

**蘇珊‧凱爾是你生活的一部分**
加州索諾馬市，1987 年

若說蘇珊‧凱爾設計的趣味圖標與使用者介面影響了全球數以百萬計的人，也不算言過其實。凱爾是第一批麥金塔團隊的成員，設計了麥金塔電腦的第一批圖標以及絕大部分的使用者介面。賈伯斯被逐出蘋果，凱爾也同進退，與賈伯斯共同創立 NeXT 電腦並擔任創意總監。她負責所有圖標與商標資料的設計，與傳奇設計家保羅‧藍德（Paul Rand）共事。後來許多電腦作業系統都是由凱爾設計或重新設計的，像是 Windows 與 IBM 的 OS/2。這張照片中，凱爾正在賈伯斯的公司外部會議中專心聆聽，身旁是同事金姆‧簡金絲（Kim Jenkins，右）。賈伯斯正在討論公司有哪些尚未完成但必須解決的任務。簡金絲是行銷團隊的重要成員，她加入 NeXT 前在微軟服務，並一手催生了微軟的教育部門，獲利超過所有人預期，為蘋果帶來實質競爭。過去的教育市場一直是由蘋果掌控的。

一週 90 小時改變世界
加州帕羅奧圖市，1986 年

賈伯斯對著 NeXT 團隊做簡報，中途忽
然停下來說道：「嘿，各位，我們晚上
跟週末都來加班，一直做到耶誕節吧，
然後我們可以放假一星期。」房間後排
的某個工程師乖乖回道：「呃，史帝夫，
我們已經是晚上加班，週末也上班了
啊。」

# Deep Shit

1. Modem
2. Tester Software
3. Browser
4. Performance Plan
5. Single Drive Cop
6. User Interface

Ankle Deep Shit

The Shit List.
Sonoma, California, 1987.

**黑名單**
加州索諾馬市，1987 年

--

這是賈伯斯在某次公司外的動腦會議時列出的待辦清單，上面是一長串的技術障礙，要他的團隊想辦法解決。設計 NeXT 電腦時，賈伯斯希望能突破諾貝爾化學獎得主保羅·伯格（Paul Berg）提出的挑戰——搭載超過百萬位元組的記憶體、百萬畫素的顯示器，以及每秒百萬浮點運算的速度，但同時價格合理的工作站，作為教育使用。今天我們是以 10 億位元組與每秒 10 億的浮點運算來計量，但在當時，要將這幾種功能合而為一得面臨相當大的技術障礙。

Steve Jobs Returning from a Visit
to the New Factory.
Fremont, California, 1987.

**賈伯斯在視察新工廠後回到總部**
加州費立蒙市，1987 年

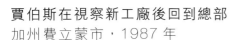

儘管賈伯斯有時極度魯莽無禮、雞蛋裡
挑骨頭，而且甚至相當會記恨；但他也
十分活潑風趣，笑起來讓人卸下防備，
精力充沛又具感染力。NeXT 成立初期，
他總是蹦蹦跳跳地來上班，急著大展身
手。當然，這樣歡欣鼓舞的輕鬆時刻可
不多見。這是賈伯斯視察完新近選擇的
工廠地點，與下屬搭著一輛租來的黃色
老舊校車回公司的模樣。

Bending the Laws of Physics.
Santa Cruz, California, 1987.

**掰彎物理定律**
加州聖塔克魯茲市，1987 年

NeXT 的工程師團隊，個個都是各自領域的專家。但賈伯斯丟來要求解決的科技問題，每每令他們張口結舌。有位工程師據形容是「氣得七竅生煙」與賈伯斯爭執，但多數人也相當樂於接受賈伯斯的挑戰。這張照片攝於某次公司外的會議，由左至右分別為 NeXT 共同創辦人兼類比硬體工程副總裁喬治・克洛（Geoge Crow）、NeXT 共同創辦人兼數位硬體工程副總裁李奇・佩吉（Rich Page），以及軟體工程師尚－馬力・雨洛（Jean-Marie Hullot）和傑克・紐林（Jack Newlin）。

Steve Jobs Outlining the Digital Revolution.
Sonoma, California, 1986.

**賈伯斯擘劃數位革命**
加州索諾馬市，1986 年

這是在索諾馬一處度假勝地舉行的公司會議，賈伯斯對團隊列出工作流程。他的大綱包括從類比到數位過程中需要轉換的所有環節。的確，當時全球尚未進入數位化的一切，很快就會因為數位革命的加速推展而改觀。

Sunlight.
Sonoma, California, 1986.

陽光
加州索諾馬市，1986 年

在科技新創公司，員工極少走出戶外，
甚至往往有好幾天見不到陽光。這位
NeXT 的年輕員工在公司一僻靜處拉上
百葉窗，就著一台早期麥金塔電腦專心
處理手邊的案子。她無視於窗葉間穿透
灑落的陽光，此時她完全無暇享受。

Steve Jobs Pretending to Be Human.
Menlo Park, California, 1987.

賈伯斯的人性演出
加州門洛公園市，1986 年

賈伯斯不是個能放鬆的人。他總是像一道雷射光般，聚焦於眼前的任務。所以他居然在公司野餐活動踢起海灘球，讓人料想不到。賈伯斯看起來心情不錯，但此舉感覺更像是安排好的演出，意在鼓勵他的團隊放輕鬆。過去的經驗清楚地告訴他，下屬需要好好休息，才能一路撐到產品完成並裝運的最後一刻。

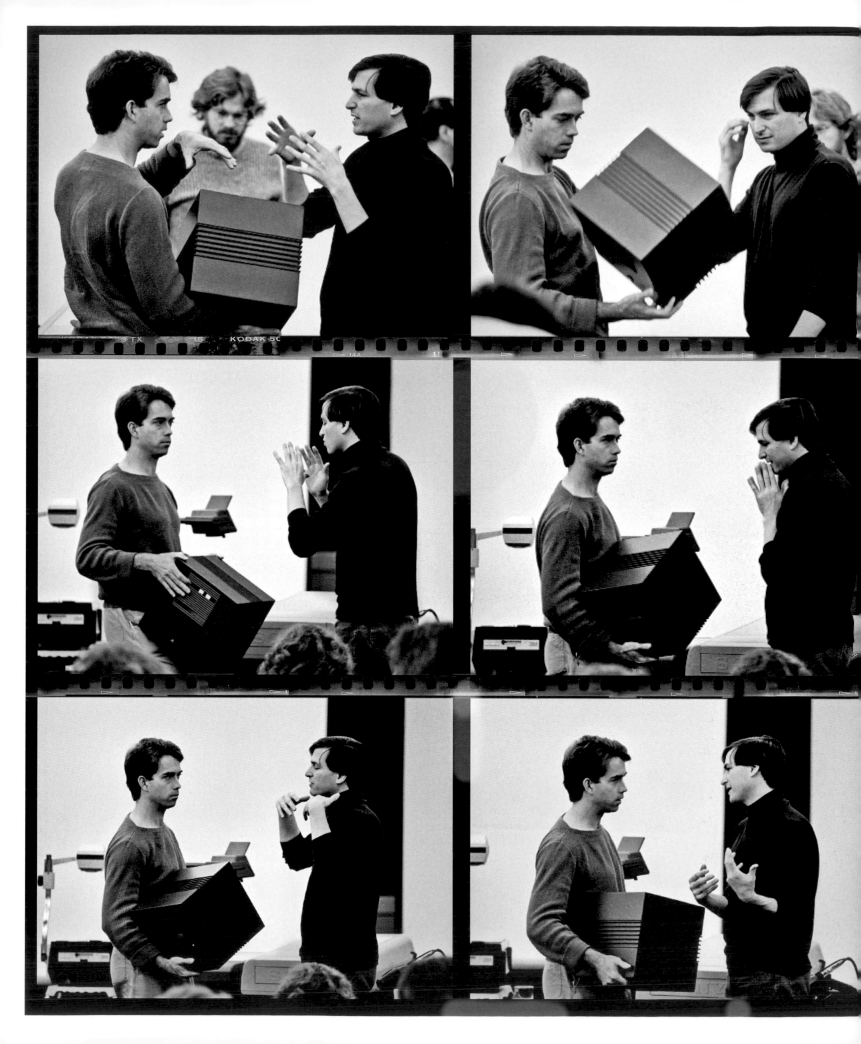

Steve Jobs Views the NeXT Computer Case
Prototype.
Santa Cruz, California, 1987.

**賈伯斯檢視 NeXT 電腦主機外殼原型**
加州聖塔克魯茲市，1987 年

捕捉賈伯斯動作的連續照片相當少見。賈伯斯正對著機械工程
總監肯·哈文（Ken Haven）表達他對 NeXT 方塊的氧化處理鑄
造鎂表層質地非常不滿。鎂質地輕盈堅固，但黑色立方製程複
雜，又要精確符合賈伯斯的標準，因此成本墊高而進度延遲。
賈伯斯的流程，有部分是以他需要信任為基礎。他很清楚風險，
也知道自己做出的上千個決策環環相扣，因此他有時非常躁動
不安。只要大部分的決定沒有失誤，那整個案子就能成功；但
若決策失誤，很快就一敗塗地。賈伯斯必須信任手下，他們拿
出的解決方案和選項都經過審慎地研究與思考，讓賈伯斯願意
冒險採用他們的建議。這可能代表長達 20 分鐘的激烈咆哮，
直到賈伯斯滿意為止。接著他腦袋裡可能有個開關扳開，讓他
臉上浮現大大的笑容。「好，太好了，」他一面說一面轉到下
個議題。下屬對賈伯斯怒吼也十分常見，但他們盡全力拿出最
好的成果，而賈伯斯會表示欣賞與鼓勵，並說他只想與性格鮮
明的人共事。艾迪·李形容他與賈伯斯的互動是這輩子最棒的
經驗，他現在回想，那時一切都很難搞，但絕對無關個人恩怨，
因為大家永遠只想「把事情做到更好。」

Evolution of the Species.
Palo Alto, California, 1988.

**物種的進化**
加州帕羅奧圖市，1988 年

這個機器人對著大猩猩擺出露骨大膽的
姿勢，原是 NeXT 辦公隔間的擺飾，但
也象徵了今天矽谷的廣泛辯論——人類
未來是否就是如此。專家預期科技創新
的步伐會是一日千里，因此人類演進的
下一步很可能是人類與機器相互結合。
現今在人工智慧、奈米科技以及基因組
學已經取得了令人興奮的進展，若是結
合這三者，可能會導出這樣的結果。但
也有小部分科學家心生憂慮，他們在書
中、在研討會上，都表達了人類這個物
種可能受科技威脅而影響未來發展。
虛擬實境的先驅賈倫·藍尼爾（Jaron
Lanier）擔憂未來我們或許會將自己的腦
子上載到一處「蜂巢式大腦」，拋下我
們的軀體而達到永生；但同時我們得像
奴隸般永無止境的工作，整天撰寫免費
的維基內容。

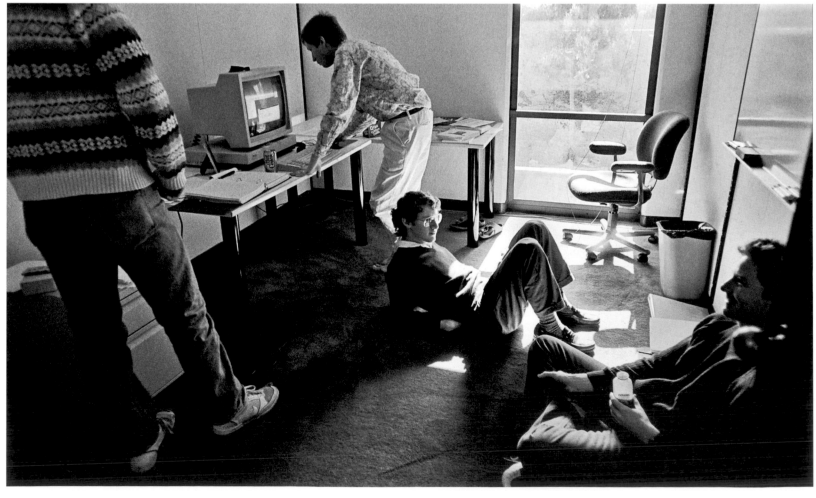

NeXT Days, NeXT Nights.

**NeXT 的日夜**（前頁跨頁）
加州帕羅奧圖市

▄▀

這間公司慢慢步上正軌。順時鐘由上左起：NeXT 製造工程師檢視剛從自動生產線出來的電路板，機器人生產線是 NeXT 工廠的先進技術（紅木市，1988 年）；服務協調員寶拉‧羅倫茲（Paula Lorenz）在 NeXT 工廠稍事休息，但沒有離開她的辦公桌（費立蒙市，1990 年）；工程師們看著同事約翰‧安德森（John Anderson）的寵物紅尾蟒蛇四處遊走（紅木市，1988 年）；軟體工程師崔‧麥特森（Trey Matteson，地上坐者）、克里斯‧法蘭克林（Chris Franklin，電腦前立者）與其他同事，在陽光灑落的屋頂休憩區工作，他們稱這裡為矽谷沙灘（帕羅奧圖市，1987 年）。

How to Sell Ten Thousand Workstations a Month.

**一個月內如何賣掉一萬台工作站**
加州聖塔克魯茲市，1987 年

▄▀

NeXT 的公司外會議在聖塔克魯茲的度假旅館舉行，賈伯斯給丹諾‧陸文看了一個全新構想、野心勃勃的製造計畫，接著他命令陸文帶領行銷與業務團隊馬上設計出銷售策略來搭配這個計畫，並且對公司做簡報——就在當天完成。陸文後來告訴我：「史帝夫拿著一個檔案夾到處揮舞，說著『看看藍迪做的，真是太棒了。』然後是『你們幾個現在想想，怎麼在一個月內賣出一萬台。』我把手下找來，告訴他們：『來吧，我們好好玩一票，進行這個 10 億計畫。』我們計算之後，得出這個 10 億營收需要一個 200 人的業務編組。史帝夫的夢想是，到了某個魔幻日期，我們就能按照藍迪的計畫交出一萬台。」此時 NeXT 的工廠根本還沒個影，但陸文與他的團隊很快地構思出一個活力四射，外加戲劇張力的「10 億計畫」簡報，還加上獵刀、芭比娃娃、一打雞蛋等道具。陸文在台上把雞蛋全打到一個碗裡，再將所有道具丟進白己的公事包。這場簡報讓賈伯斯相當滿意，同事們也鼓掌叫好。

Only Connect.
Silicon Valley, California.

除了連結，還是連結。
加州矽谷

矽谷生活的很大一部分是不停的解釋與推銷理念，對象可能是投資者、同事與媒體。我對手部的觀察慢慢生出興趣，這是了解攝影對象當下心情的好辦法。順時鐘從上左起：法拉隆電腦公司（Farallon Computing，加州愛莫利維爾市，1990 年）；奧多比（日本東京，1991 年）；奧多比（加州山景城，1989 年）；NeXT 電腦（加州帕羅奧圖市，1986 年）；NetObjects（加州紅木市，1998 年）；杜邦（Dupont）的業務員（馬里蘭州，1991 年）；KPCB 創投（科羅拉多州亞斯本市，1996 年）；法拉隆電腦公司（1990 年，加州愛莫利維爾市）。

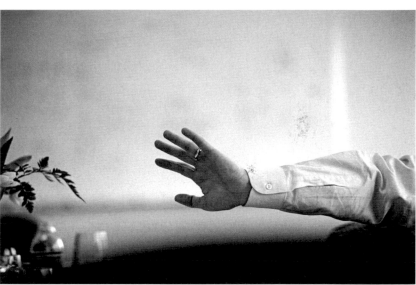

Steve Jobs Is Thinking.
Santa Cruz, California, 1987.

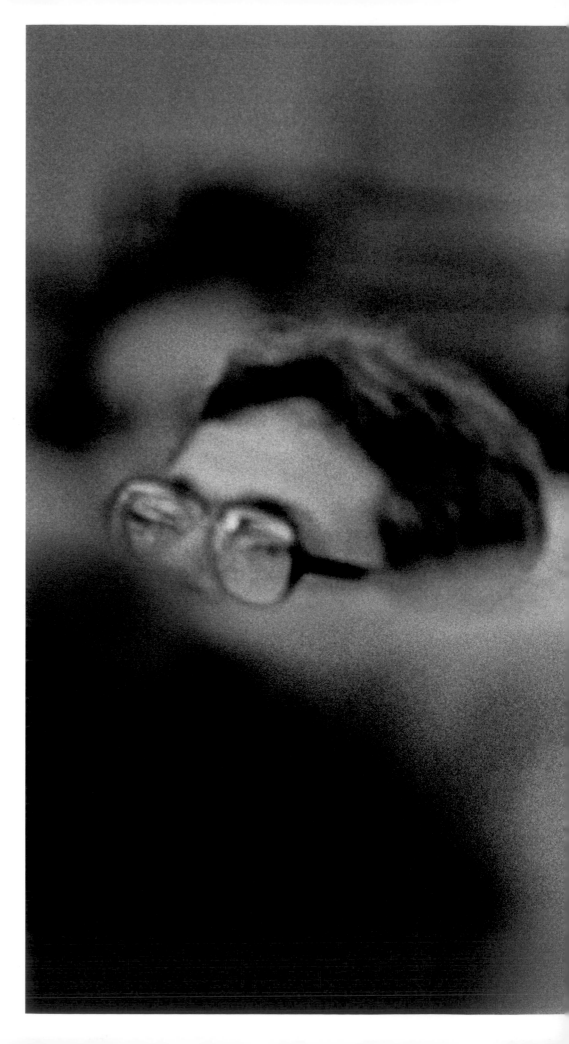

## 賈伯斯的思索
加州聖塔克魯茲市，1987 年

賈伯斯是技師、編輯、冷靜的獵人，更
是精明的生意人。但他也具備了藝術家
的直覺思考，夢想著以全然不同的方式
運用並結合現有科技，創造出全新的事
物。他幾乎完全跨足並占領了人文與科
學的處女地。賈伯斯的優點很多，其一
就是他絕不接受「不行」這個答案。賈
伯斯在身邊安插了世界上最優秀的科學
家、行銷人以及管理專才，他聘請每一
個人之前，可能會面談上百個人選。接
著賈伯斯驅策他們，有時邊踢邊咆哮，
要他們辦到心中認定不可能的任務——
最終下屬會使盡本領甚至超越潛能，展
現出賈伯斯要求的奇蹟。儘管 NeXT 的
硬體發展並不如意，但賈伯斯始終堅持
自己的理念。他在 NeXT 時期塑造的創
新模式，成了他重返蘋果的關鍵。

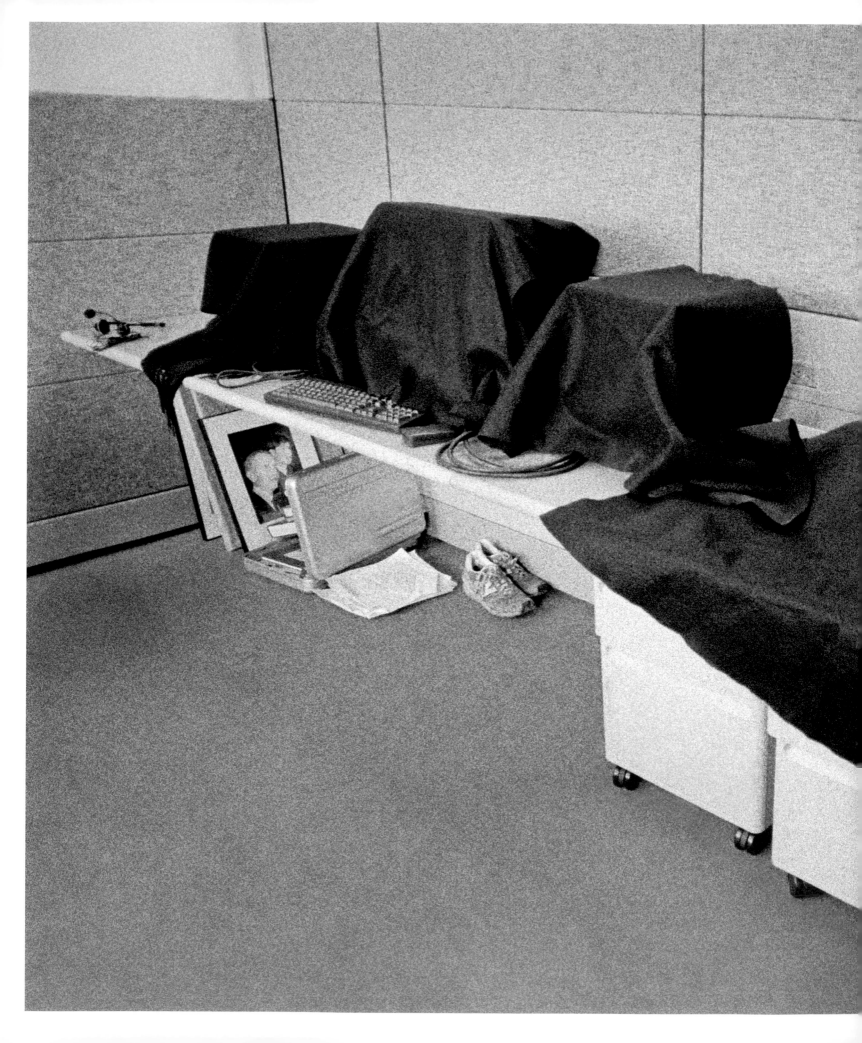

Loose Lips Sink Ships.
Redwood City, California, 1988.

小心駛得萬年船
加州紅木市，1988 年

NeXT 電腦即將正式發表，賈伯斯把整
組原型，包括電腦、螢幕、印表機以及
週邊設備擺在辦公室裡操作，並且用黑
色絨布蓋得嚴密，不讓訪客看到。科技
公司之間極為競爭，也十分保密，就算
關上大門也是步步為營。走進當年帕羅
奧圖的 NeXT 總部大樓，迎接訪客與員
工的是一張二次大戰的英軍仿舊海報，
警告你「敵軍間諜」就在身邊，請避免
「閒談洩密」。

Exhortations, Incantations,
Promises, and Threats.
Redwood City, California, 1988.

**勉勵、詛咒、承諾，與威脅**
加州紅木市，1988 年

▀ ▀

賈伯斯對著憂心忡忡的員工精神講話、
鼓舞士氣，但又不忘夾帶一小段誓言報
復蘋果與史考利的咒罵。公司正準備在
舊金山及華盛頓特區盛大展出 NeXT 原
型工作站，但實際的工作站還得將近一
年才能完工交貨。

You Catch More Flies with Honey.
Washington, DC, 1988.

溫言如鮮花，身週留餘香
華盛頓特區，1988 年

NeXT 工作站的美國東岸發表會辦在
史密森尼學會的航空與太空博物館
（Smithsonian Air & Space Museum），
與會的學術菁英拜倒在 NeXT 董事兼草
創期投資者裴洛的風采下，成了他的粉
絲與 NeXT 潛在投資人。有次裴洛看著
賈伯斯對某個下屬咆哮，不禁說道：「史
帝夫讓我看到當年跟他一樣大（30 歲）
的自己。後來我學到，溫言婉語更能令
人折服。」

一個開始的結束
華盛頓特區，1988 年

裴洛、賈伯斯與 NeXT 的行銷主管凱西·基可因（Kathy Kilcoyne）在 1988 年的教育電腦展（Educom），這是 NeXT 的目標市場。他們幾天下來在此推介 NeXT 工作站，反應很好，三人感到充滿希望。NeXT 團隊經過了三年筋疲力竭、幾乎超越人類極限的研發工作，賈伯斯的復仇與重返科技叢林似乎指日可待。但卻未必如此。NeXT 電腦的推出的確達到龐大的公關效益，但賈伯斯的教育界夥伴最終還是覺得遭到背叛，因為工作站的價格從 6,500 美金起跳，比原先承諾的還高了兩倍不止。NeXT 在舊金山風光出場後不過幾天，賈伯斯跟他的團隊已經完全累壞了，但真要拿出成品還要好幾個月。可惜的是，公司的光環逐漸黯淡，銷售也無起色。產品在市場交貨延遲，過去的夥伴如昇陽電腦的競爭來勢洶洶，加上 NeXT 產品不附彩色螢幕、儲存系統採用佳能（Canon）光學硬碟機──的確是很酷的創舉，但速度慢到令人生氣。

1993 年，賈伯斯不得不結束 NeXT 硬體部門，這是個公開且痛苦的敗績。接下來幾年，為了幫 NeXT 與皮克斯挹注資金，賈伯斯幾乎用盡每一分錢，瀕臨破產邊緣。但皮克斯推出了超級強片《玩具總動員》（Toy Story），隨後皮克斯公開募股，一舉將賈伯斯推上億萬富翁之列。而 NeXT 艱苦卓絕的努力也終於看到成果──軟體產品將競爭者遠遠拋在後頭，1996 年蘋果買下了物件導向的「NeXTSTEP」。此舉讓蘋果重獲創新能量，也成了今日所有蘋果產品作業系統 OS X 的基礎。賈伯斯拿到一席董事，很快就重掌蘋果經營權。他接下來推出的產品一個比一個成功，皮克斯的電影也一部比一部賣座。蘋果逐漸成為世界上最有價值的公司。經過十多年的落空與挫敗，賈伯斯終於寫下美國企業史上最偉大的再起故事。

"If you give some-one a hammer, they can build a house or tear it down. Photoshop is just a better hammer."

「如果你給人一把大錘，這錘子可以用來蓋房子，也能拆房子；Photoshop 就只是一把更好的錘子。」

——羅素·布朗，發言反擊傳統攝影師批評數位科技正摧毀攝影。他是奧多比系統的創意總監，也是 Photoshop 代言人。

—Russell Brown, Adobe Systems creative director and Photoshop evangelist, addressing criticism from traditional photographers that digital technology was destroying photography.

The Founders of Adobe Systems
Preparing to Release Photoshop.
Mountain View, California, 1988.

奧多比系統的創辦人正準備發表
Photoshop
加州山景城，1988 年

▀▀

約翰·沃納克與查克·葛許克（左方坐者）
信心滿滿的準備推出 Photoshop，這個
劃時代的程式將完全改造攝影與平面藝
術。在此之前，他們推出了第一個突破
性軟體 PostScript，這歷經了 2,000 小
時的人工編碼，讓個人電腦能連上印表
機。功能看起來不起眼，但背後工夫困
難龐大，代表了 1436 年古騰堡發明活字
印刷以來，印刷史上最大的進步。這對
搭檔在全錄的帕羅奧圖研究中心（Xerox
Palo Alto Research Center）提出很精彩
的點子，但未被接受；於是在 1982 年
以 200 萬美元創辦 Adobe。開公司之前，
他們只讀了一本企業經營的書，並打算
將個人桌上電腦搭配印表機一起出售。
一開始，倒也沒預想以字型設計軟體掀
起桌上出版業的革命。公司開張幾個月
後，賈伯斯上門了（1982 年他還在蘋果
擔任執行長），要求買下這間公司。那
時賈伯斯正在研發的麥金塔電腦要搭配
雷射印表機出售，但研發團隊寫不出需
要的程式。賈伯斯對兩人施壓，要求他
們來蘋果上班。據葛許克說，他們拒絕
這個提議，賈伯斯回道：「你們簡直是
白癡！」他們打電話徵詢投資者，投資
者請他們和賈伯斯協調出一個辦法。最
終他們同意賣給賈伯斯 19% 的股份，而
賈伯斯以高於公司當時市值五倍的價錢
買下，還預付 PostScript 授權五年的費
用。此舉讓奧多比成為矽谷有史以來第
一家在成立第一年就能獲利的公司。

Russell Brown in Costume.
Mountain View, California, 1989.

**扮裝後的羅素‧布朗**
加州山景城，1989 年

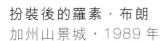

奧多比系統創意總監羅素‧布朗某次公
開為早期 Photoshop 辯護時，犀利指出
軟體只是工具，就像一把大錘，可以用
來蓋房子，或將房子拆掉。許多攝影師
與平面設計師很抗拒數位科技，大肆批
評 Photoshop。布朗舉辦 Photoshop 使
用課程與各種演講，邀請有影響力的攝
影師、平面設計師與藝術家一起來學習
這個新軟體，逐漸贏得創意社群用戶。
Photoshop 有今日的霸主地位，布朗可
謂居功厥偉。

Previous Spread
Universal Language.
Mountain View, California, 1988.

**全球共通的語言**（前頁跨頁）
加州山景城，1988 年

--

奧多比字型設計師團隊正在創造
PostScript 的日文字體版本。奧多比
在 1988 年增加了漢字列印產品，於是
PostScript 成了第一個真正國際標準的
電腦印刷技術，其中的演算法可描述任
何語言的文字形式，而 PostScript 一詞
也成為新的全球片語。

Thinking Difficult Thoughts.
Mountain View, California, 1988.

**爬梳艱澀的想法**
加州山景城，1988 年

--

科技研發的工作十分艱巨，大多必須獨
自在腦袋裡專注進行。困難的不光是思
考過程，而是如何從日常工作的持續干
擾中保持聚焦，也就是我們今日所說的
「多工處理」。

Oasis in the Valley.
Mountain View, California, 1989.

**矽谷中的綠洲**
加州山景城，1989 年

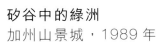

NeXT 與其他新創企業的內部氣氛有如
雲霄飛車，奧多比反倒相當平靜和緩，
但依舊保持創意與活力。成熟的管理團
隊埋頭打造一個全球性的品牌。這是
平面設計師露安・西摩・科恩（Luanne
Seymour Cohen）在多場工程師會議間
稍事喘息。

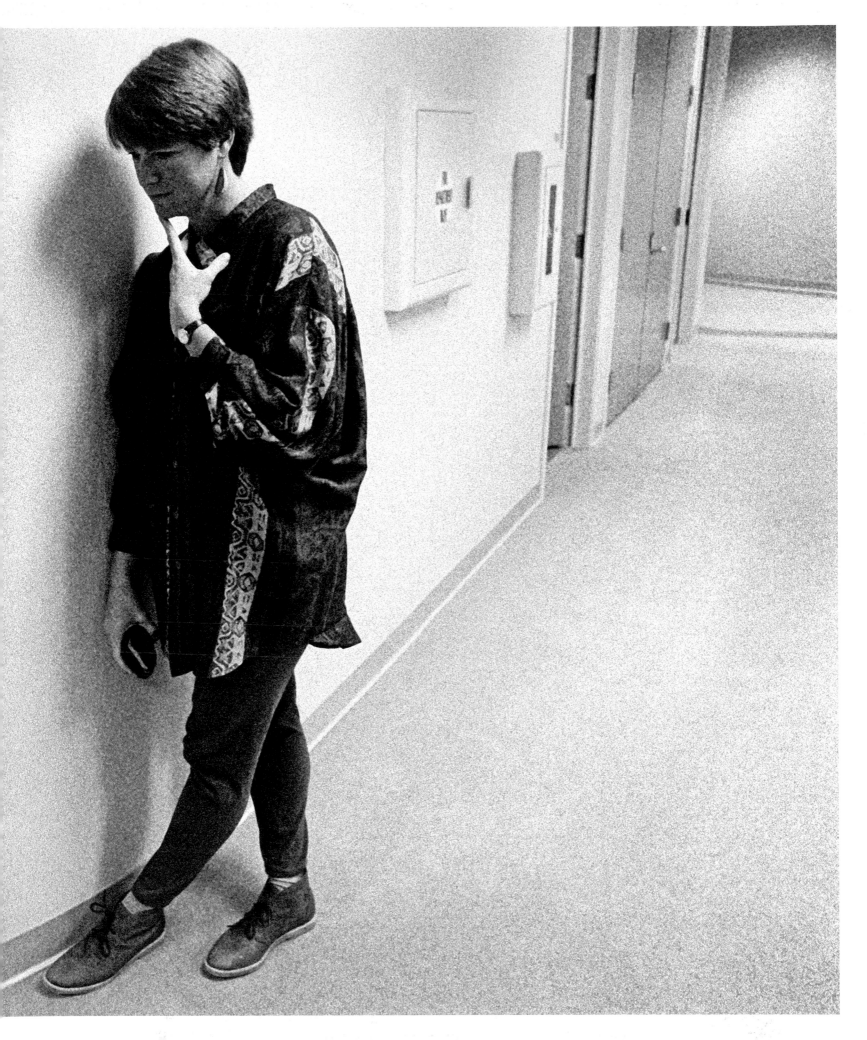

Geek Sex.
Mountain View, California, 1991.

宅宅的性
加州山景城，1991 年

奧多比的萬聖節派對中，這兩位在現實
生活中是男女朋友的員工，當眾演出這
場道具簡陋的電子版隱喻。科技工作者
最大的惡名就是社交失能，多半害羞，
特別是男性工程師。幻想遊戲與角色扮
演很普遍，有機會能變裝打扮也很受歡
迎。這對情侶到公司各處重複這個儀式，
娛樂所有同事。

**實作為靈魂帶來樂趣**
加州矽谷

雪萊與莎士比亞都曾提到，過程的本身就是獎勵。儘管矽谷生活有九成是不眠不休、一波又一波的「實作」，充滿掙扎、失敗、棘手狀況與壓力；但也有如吉光片羽般甜蜜歡欣的輕鬆時刻。由於工作充滿目標，因此這些人能帶著樂觀與自信堅持下去。能夠解決問題，或是奮力打拚數月後只稍微放鬆一下，就已經是無與倫比的開心了。順時針由左上起：昇陽電腦（加州山景城，1995 年）；奧多比（加州山景城，1992 年）；凱斯‧山下（Keith Yamashita），蘋果電腦（芝加哥，1992 年）；蘋果電腦（新加坡，1994 年）；奧多比（加州山景城，1992 年）；湯姆‧萊利（Tom Reilly，右），法拉隆電腦（1989 年）；奧多比（舊金山，1988 年）；蘋果電腦（波士頓，1993 年）。

The Soul's Joy Lies in the Doing.
Silicon Valley, California.

On Vacation.
Mountain View, California, 1994.

**度假去**
加州山景城，1994 年

這景象看來挺有趣，但透露了微妙的弦
外之音——不斷工作的壓力。矽谷公司
始自青少年的車庫事業，演變成全球科
技巨獸，也開始引進標準企業經營實務，
像是健康保險與有薪休假。奧多比系統
似乎也提供了員工想要的一切福利。但
工時依舊很長，競爭也十分激烈，休假
自然得一延再延。就算員工真的放手計
劃並運用他們應得的休假日數，收假回
來後，可能會發現自己的辦公桌已經被
「重新佈置」了。

The Painter David Hockney
Rests during the First Photoshop
Invitational.
Mountain View, California, 1990.

畫家在首屆 Photoshop 邀請賽的
小憩
加州山景城，1990 年

--

隨著數位科技的影響力愈來愈大，矽
谷出乎意料的成了文化交會的十字路
口。全世界的藝術家來到此地，渴望
實驗並參與 TED 之類的研討會，頗
有 1920 年代巴黎文藝聚會的調調，
但這裡是「上高速公路便抵達科技園
區」的版本。音樂製作人昆西‧瓊斯
（Quincy Jones）與音樂人彼得‧蓋布瑞
爾（Peter Gabriel）、賀比‧漢考克（Herbie
Hancock）是早期的參與者。格蘭‧納
許（Graham Nash）非常投入，甚至創辦
了自己的美術數位印刷事業。湯姆‧沃
爾夫（Tom Wolfe）曾特別側寫電子集成
電路共同發明人羅伯特‧諾伊斯（Bob
Noyce），很多作家也紛紛跟進，賈伯
斯同母異父的妹妹莫娜‧辛普森（Mona
Simpson）亦在其列。喬治‧盧卡斯
（George Lucas）與法蘭西斯‧柯波拉
（Francis Ford Coppola）都是數位電影
的先驅。文化地基不停改變著，前衛藝
術的集結也激發新的數位點子，成為時
代精神。圖中是畫家大衛‧霍克尼（David
Hockney）抱著他心愛的小臘腸狗，出席
羅素‧布朗（Russell Brown）的首屆奧
多比 Photoshop 邀請賽，並學到如何使
用 Photoshop 首次釋出的版本。休息時
間他在電腦室開心抽菸，逗弄小狗。

A Master of Analog Critiques a
Digital Salon.
Mountain View, California, 1990.

類比專家對數位沙龍的批評
加州山景城，1990 年

第一屆奧多比 Photoshop 邀請賽中，畫
家大衛・霍克尼的助理（不知其名）、平
面設計師王民（Min Wang，音譯，中），
以及奧多比創意總監暨邀請賽創辦人羅
素・布朗（右），正在聽取霍克尼對自
己作品的批評；他也評論了其他參賽者
以全新 Photoshop 軟體創作出來的作
品。

Howl.
San Francisco, California, 1988.

**仰天長嘯**
加州舊金山市，1988 年

一位奧多比的員工心中狂喜，在舉杯慶
賀這光輝的一年後，忍不住開心大叫。
這次年終晚會的場地選在舊金山一處碼
頭的大型建物裡，據說耗費 100 萬美元。
1980 年代正值矽谷迅速茁壯，成功例子
比比皆是，因此這種節慶宴會的規模可
比拉斯維加斯的舞台表演。

"At the time I left, Apple was the number-one-selling personal computer in the world. We were, by the way, the most profitable computer company in the world, because IBM was losing money, HP was making almost no money from computers, Dell barely existed at that point, Compaq was failing."

「我離開的當時，蘋果是全球個人電腦銷售第一的公司。我們也是全球獲利最豐的電腦公司，因為IBM正在流失現金、惠普的電腦幾乎賺不了錢、戴爾當時根本尚未起步，而康柏電腦搖搖欲墜。」

——蘋果前執行長約翰‧史考利。在賈伯斯離開後，他帶領蘋果從年收益8億美元成長到80億美元。後於1993年去職。

—John Sculley, former Apple Computer CEO, who grew the company after Steve Jobs left from $800 million to $8 billion in yearly revenue before he left in 1993.

John Sculley Masters His Shyness
to Meet the Press.
Fremont, California, 1990.

## 史考利克服羞澀面對媒體
加州費立蒙市，1990 年

--

這裡是蘋果在費立蒙的工廠，執行長約翰·史考利對媒體展現迷人的一面。他克服了嚴重的害羞與口吃，最後站上百事可樂執行長的位置；然後被賈伯斯說服，於 1983 年加入蘋果。

史考利逼走賈伯斯後，推動蘋果年收益成長，從 8 億美元提升至 80 億美元。儘管這個成就相當驚人，但他在矽谷的評價仍普遍被簡化為開除賈伯斯的人，欠缺遠見、在科技界分量不夠。這點並不公允。其實史考利非常努力工作，鼓勵公司內部的創意發想，像是「知識領航員」（Knowledge Navigator）──這個技術在 1987 年就預測了今日科技的許多面向，包括網際網路、軟體代理器、平板電腦和語音指令技術。

1993 年 2 月，正值權力巔峰的史考利參加柯林頓總統的第一次國情咨文演說，被安排坐在第一夫人希拉蕊身旁。那時史考利已看出蘋果儘管外在表現不差，但步伐已逐漸凌亂，無法重寫作業系統，面對微軟的挑戰也無創新策略。科技公司一旦創造出搖錢樹，像是麥金塔電腦，想更上一層樓往往代表必須砍掉這株搖錢樹，因而在本質上更難創新。蘋果的麥金塔電腦獲利不錯，但因微軟 Windows 持續成長，因此麥金塔市占率迅速下跌。此時蘋果有個小組正在發展手持計算裝置，史考利也打算再闢一個新產品線營收，搭配麥金塔電腦來解決困境；因此這個革命性的小組得以放手研發世上第一款個人數位助理（也就是 PDA），當時稱為「牛頓」，一個完全看不到市場存在的新型產品。一場野心勃勃的賭局於焉展開。

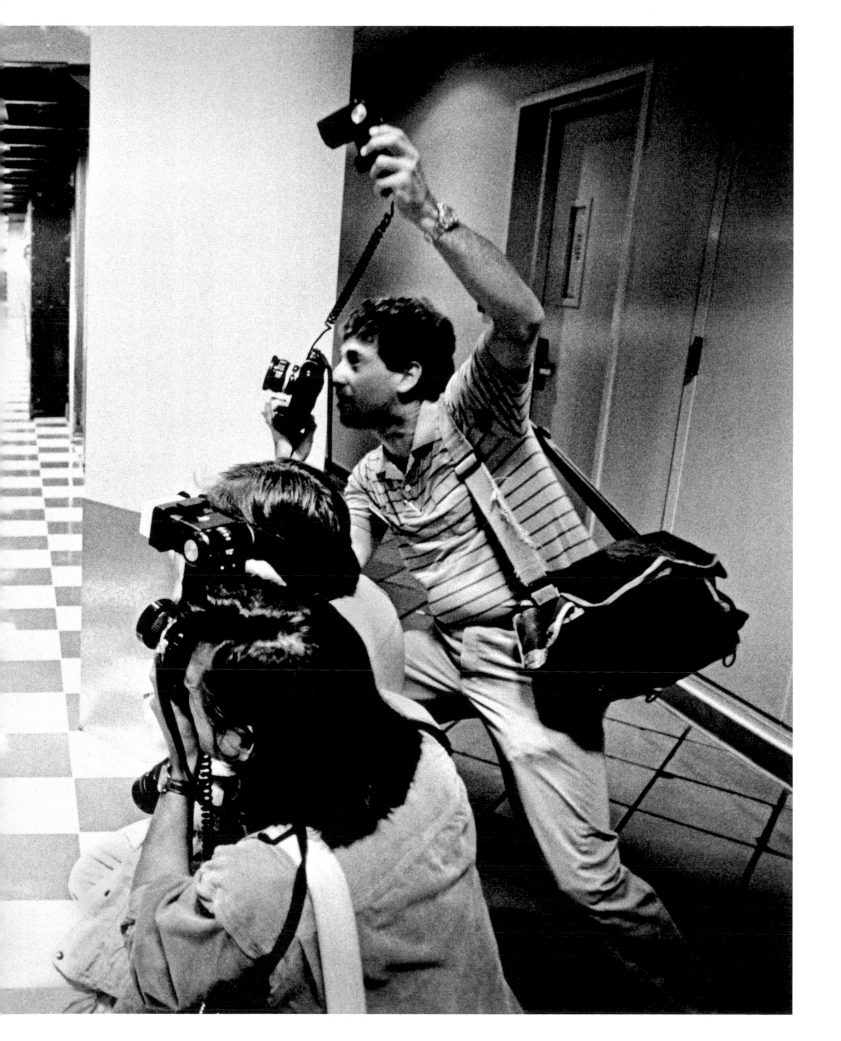

Steve Capps Playing the
Jaminator.
San Carlos, California, 1993.

## 凱普斯把玩 Jaminator
加州聖卡洛斯市，1993 年

——

史蒂夫・凱普斯（Steve Capps）為人謙
和，是矽谷的無名英雄。他共同設計麥
金塔檔案總管 Macintosh Finder，曾協
助研發大部分的使用者介面圖像，這是
後來數十年所有介面創新的基礎。

在這張照片裡，他在家中寫牛頓軟體之
餘，拿起自己發明的數位吉他 Jaminator
演奏。這吉他可以讓你在許多熱門搖滾
樂曲中，彈出你最愛的吉他獨奏。凱普
斯一天工作 20 小時，因此開始把工作
地點轉到家中。有時我到他家，會看到
他頂著白日的豔陽，睡在前門廊擺的床
墊上。凱普斯説，他希望牛頓在直覺上
就能輕易使用，讓他母親也能上手。後
來他辭去蘋果的工作，加入老東家不共
戴天但又「亦友亦敵」的對手微軟。

The Newton War Room at Apple Computer.
Cupertino, California, 1993.

**蘋果電腦的牛頓戰情室**
加州庫柏提諾市，1993 年

"

蘋果程式設計師莎拉·克拉克（Sarah Clark）帶著初生寶寶上班。整整兩年她幾乎沒有離開過公司，因為牛頓團隊得趕著完成軟體設計。莎拉在辦公室拉起帘子時，同事便知道寶寶該午睡了，或是她正在餵母奶。莎拉的全心投入是典型的蘋果員工工作態度，而管理階層也都心懷感激，推行彈性工時及其他對職員友善的工作調整方式。約翰·史考利以提拔女性升上重要職位，展現其領導能力；此舉在當時的矽谷並不尋常。很少有人想到，程式碼的撰寫者決定了機器的執行，以及與使用者互動的方式。如果寫程式的不是二十多歲的白人男性技客，那會是什麼情況？程式撰寫者的世界觀會決定他的優先次序，也可能改變科技的本質，自然也影響了我們受科技全面形塑的行為與文化。

Woz.
San Francisco, California, 1991.

沃茲尼克
加州舊金山市，1991 年

蘋果電腦共同創辦人史帝夫·沃茲尼克
（中）與執行長史考利（右）正盯著一台
早期的任天堂掌上遊戲機，待會他們就
要上台參加蘋果產品發表會了。任天堂
百年來都沿用同一套商業模式，這讓蘋
果裡很多人十分訝異。這與華爾街的超
級短線思考，還有典型的美國商業計畫
完全相悖。

A New Tool for New Thinking.
Cupertino, California, 1992.

## 新工具帶來新思考
加州庫柏提諾市，1992 年

"

蘋果電腦資深工程經理唐娜·奧古斯特（Donna Auguste）負責整合牛頓 PDA 的研發，參與了傳奇電腦科學家、也是蘋果副總裁賴瑞·泰斯勒（Larry Tesler）的團隊。她在加州大學柏克萊分校取得電機工程與資訊工程學士，以及卡內基美隆大學碩士；接下來她在矽谷慢慢爬升，最後史考利聘請了她。奧古斯特帶來充滿耐性與支持的管理風格，安撫了這個不時遭遇危機的團隊。單一新科技要創造一個新產品已經夠困難了，賈伯斯在 NeXT 的企圖卻是結合好幾種新技術和現有技術來研發出一個新產品；一旁的蘋果牛頓團隊做的也是同樣的事。除了研發新硬體與新軟體，他們還得創造出跨越多種產品類別的產品形象與品牌。當時蘋果只生產個人電腦，而這個團隊必須完全搞懂消費者電子市場的各個面向，因為那是牛頓的目標市場。

QuickDie
GX

A Cry for Help at Apple Tech Support.
Austin, Texas, 1996.

蘋果技術支援的呼救
德州奧斯汀市，1996 年

儘管麥金塔電腦的設計是以容易上手為出發
點，但隨著產品演進，複雜度與困難度也提高
了。用戶感到挫敗時，一腔怒火總是對著技術
支援人員發作。這裡是奧斯汀市蘋果中心，一
位員工對蘋果的 QuickDraw 繪圖軟體裡有過多
程式錯誤感到十分挫折，在地毯上畫圖發洩。

Preparations for the Demonstration
Are Not Going Well.
Las Vegas, Nevada, 1993.

## 策展準備一波三折
內華達州拉斯維加斯市，1993 年

在牛頓個人數位助理的拉斯維加斯全國記者會前，這個新裝置居然當機了。正在準備發表事宜的活動負責人麥可‧魏特林（Michael Witlin）氣急敗壞地倒在地上，於是媒體公關崔夏‧詹（Tricia Chan）打電話向凱普斯求救。正式展示仍在媒體前照常舉行，而且少了正常運作的產品；但崔夏與凱普斯在隔壁房間另闢場地，進行了一次成功的私下展示會，對象是《華爾街日報》與《紐約時報》記者——他們知道就算搞砸了，這兩報的記者也會手下留情。果然這兩家報紙登了相當正面的報導，其他媒體的反應也不錯。因此儘管軟體當了，但整體反應還算正面。

牛頓宣稱可整合通訊錄、行事曆以及記事本，還能提供紅外線發送、傳真與電子郵件功能，領先其他裝置好幾年。牛頓更使用一種先進的手寫辨識軟體，是以自然手勢為基礎。蘋果已經花了好幾年的時間開發辨識軟體，依舊無法解決這個棘手的挑戰。那時正值冷戰末期，一位蘋果董事某晚在莫斯科停留，旅館房門響起急切的拍打聲。他應門後，外頭是位蘇俄工程師，緊張兮兮地交給他一張磁片就匆匆離去。磁片裡是蘋果急需取得的手寫辨識軟體，於是很快就整合進牛頓系統。儘管得到暗中奧援，辨識軟體仍需經過多年研發，但蘋果顯然沒那麼多時間。

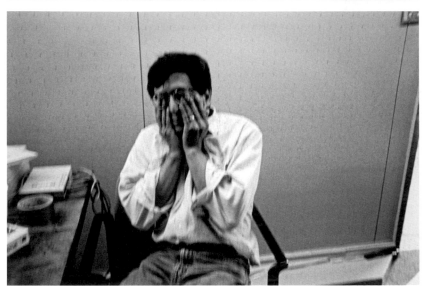

## 至死方能闔眼
加州矽谷

**"**

矽谷的工作會給出豐厚的報酬，公司（與同事）普遍認定，大家都是做到受不了才可能辭職，而這種心態也塑造了互相較勁的氣氛。蘋果有位經理常常對同事下戰帖：通宵工作直到早上六點，再跟他去慢跑。接下來這位經理整天會議不斷，晚上還得跟客戶應酬——此舉不只為了展現男子氣概，也代表了光靠意志力能如何將成就推向極限。然而今天我們都知道，缺乏睡眠會導致錯誤大幅增加，生產力也會下降。照片左上圖開始，順時針方向分別為：馬丁·甘赫爾姆（Martin Gannholm，蘋果電腦，加州聖卡洛斯，1993 年）、伯特·康明斯（Burt Cummings，蘋果電腦，內華達州拉斯維加斯，1992 年）、史帝夫·凱普斯（蘋果電腦，加州庫柏提諾市，1991 年）、凱斯·山下（蘋果電腦，加州庫柏提諾市，1991 年）、瑞西·瓊斯（Reese Jones，法拉隆電腦，加州柏克萊，1980 年）、約翰·沃納克（奧多比，加州山景城，1988 年）、麥可·霍利（Michael Hawley，NeXT，加州聖塔克魯茲，1987 年）、布魯克·拜爾斯（Brook Byers，KPCB 創投，科羅拉多州亞斯本，1995 年）。

Sleep When You're Dead.
Silicon Valley, California

A Million Lines of Code.
Cupertino, California, 1992.

**100 萬條程式碼**
加州庫柏提諾市，1992 年

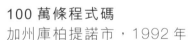

程式設計師彼得·艾利（Peter Alley）正
稍事喘息。蘋果的牛頓預計在芝加哥的
消費者電子大展中由史考利主持面世，
因此壓力日益沉重。100 萬條程式碼，
只有 30 個程式設計師，而且要在一年
內寫完；而一切似乎都不太順利。那時
史考利從飛利浦找來賈斯登·巴斯提安
（Gaston Bastiaens）推動牛頓的上市計
畫，因為董事會已經不耐煩了。接著，
上面決定讓牛頓使用更新、更快的晶片，
因此需要全新的程式碼。管理階層給牛
頓團隊下了新指令：他們可以再花一年
時間，把 100 萬條程式碼全部改寫。不
久後，來自日本的年輕程式設計師磯野
（Ko Isono）回到家中，為手槍裝上子彈，
一槍打穿了自己的心臟。

**智囊團**
加州庫柏提諾市，1992 年

蘋果產品行銷經理麥可·趙（Michael Tchao，音譯）帶領團隊進行一場低調的行銷會議，場地是在一間高度機密、內部人稱「智囊團」（Braintank）的房裡。磯野自殺的悲劇對整個團隊是很悲痛的打擊，那年年終假期時，大家經過短暫而苦澀的反思，回到工作崗位展現團結，誓言完成這個案子。史帝夫·凱普斯、麥可·趙以及其他成員整個假期都在工作，在技術上取得出色進展，大大鼓舞了士氣。他們還在牛頓程式碼中寫下對磯野的致意，但只有內部人士才看得到。

Braintank.
Cupertino, California, 1992.

**蘋果寶寶**
加州庫柏提諾市，1993 年

牛頓團隊的工時愈來愈長，幾乎每個週末都泡湯了。因此他們的家人開始來公司陪伴，這樣員工才能在白天看到孩子。

An Infant at Apple.
Cupertino, California, 1993

Imagine If You Will.
Hannover, Germany, 1993.

**請想像一下**
德國漢諾瓦，1993 年

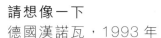

這是媒體說明會之前的準備，牛頓團隊的麥可・趙、娜琪拉・阿拉斯蒂（Nazila Alasti）與蘇珊・舒曼（Susan Schuman）發現他們帶來展示的八台牛頓原型機都壞了。耳邊傳來上百名德國記者醉醺醺的催促：「牛──頓，牛──頓。」他們已經等了一個多小時，一面痛飲免費啤酒，一面等著看潛力無窮的新產品。麥可・趙很快上台、開始演講。他一邊舉著毫無作用的牛頓原型機，一邊指著背後的螢幕解釋道：「請想像一下……」牛頓上市後不久，麥可・趙便離開蘋果，在耐吉（Nike）成功開創另一片天地。多年後賈伯斯請他回到蘋果，負責 iPad 的行銷及上市。這等於為他對牛頓產品的貢獻劃下完美句點，多年汗水與辛苦都得到認可。

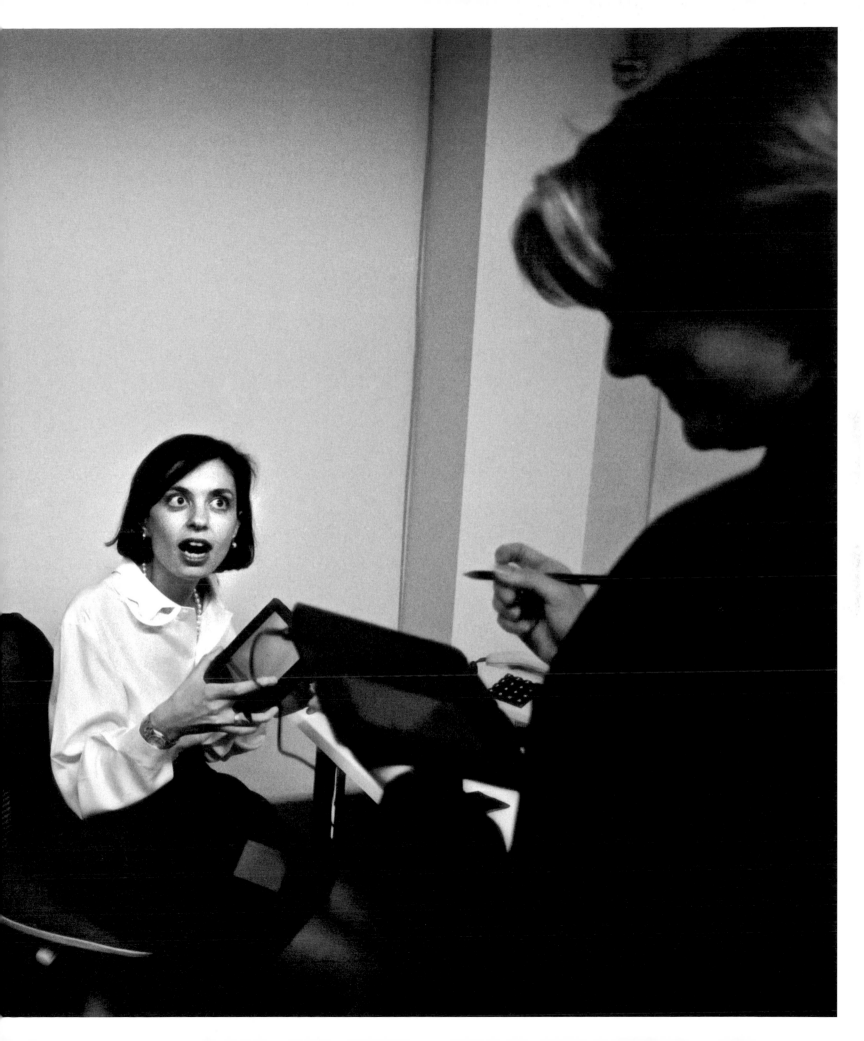

Previous Spread
Calculated Risk.
Northern California, 1993.

Fanboys.
Boston, Massachusetts, 1993.

**計畫風險**（前頁跨頁）
北加州，1993 年

**男粉絲**
麻州波士頓，1993 年

"

"

產品完成前不得進行危及性命的活動，
但幾名蘋果牛頓軟體工程師無視這個指
令（與地心引力）。他們的上司、軟體
工程經理唐娜‧奧古斯特儘管不欣賞此
舉，但也理解下屬需要發洩，排解多年
工作繁重的壓力。

蘋果的死忠支持者提前好幾個小時來排隊。只要店門一開，就能買到期待已久，當天上市
的牛頓 PDA 了。蘋果的幾次交貨一延再延，製造商夏普（Sharp）最後緊急運了四千組機
器到波士頓，只為趕上上市時間。這些機組依舊採用 beta 軟體，而牛頓團隊得親手組裝
零件，手忙腳亂直到店門打開的前一刻。約翰‧史考利還到場主持，以實際行動支持蘋果
團隊，為整個上市活動留下百感交集的尾聲——因為當時史考利已被迫辭去執行長一職，
一如當年賈伯斯被董事會趕走的情況，十分諷刺。而史考利寄望開創新局的牛頓能拉抬蘋
果的聲勢，可是銷量始終不如預期，最終還是失敗了。儘管如此，牛頓畢竟為後來廣受歡
迎的 PalmPilot 鋪下坦途。賈伯斯回到蘋果後，砍掉了搖搖欲墜的牛頓產品線。但牛頓的
許多核心概念，仍持續沿用至今日我們手上的 iPhone 與 iPad。

"More jobs and wealth were created than at any time in human history."

「這是人類有史以來創造出最多工作機會與財富的時代。」

——KPCB 創投合夥人約翰・杜爾，談到數位革命及其影響。

—L. John Doerr, partner at Kleiner Perkins Caufield & Byers, reflecting on the digital revolution and its legacy

John Doerr and Partners Discuss
the Future of the Internet.
Palo Alto, California, 1994.

**杜爾與合夥人討論網路的未來**
加州帕羅奧圖市，1994 年

約翰‧杜爾在眾所周知的 KPCB 創投週
一早餐會中發言。他們在會議中會審閱
所有可能投資的潛力公司。創業者做簡
報得迅速扼要，然後祈求最好的結果。
KPCB 已經投資了幾家早期網路公司，
推出 Flash 此種重要網路發展工具的
Macromedia 就是其一。他們正準備協
助 Netscape 成立，此舉點燃了達康淘
金熱。KPCB 始終是家充滿傳奇、首屈
一指的創投公司，杜爾與合夥人提供金
源，也發掘一連串開創驚人成功的創業
者與新公司，像是 Lotus、昇陽電腦、
美國線上、Intuit、@Home、亞馬遜網
路書店、Netscape、Google、社交遊
戲商 Zynga 等許多新企業。杜爾估計，
由他支持的創投已創造 200 萬個工作機
會。今天 KPCB 的合夥人包括美國前副
總統高爾（Al Gore）、鮑爾將軍（General
Colin Powell）、媒體巨頭赫斯特三世
（William Randolph Hearst III），以及昇
陽電腦共同創辦人比爾‧喬伊。KPCB
打造了一系列充滿價值且持續成長的公
司，這些公司的人才與資源分享，又提
高了 KPCB 的成功機會。

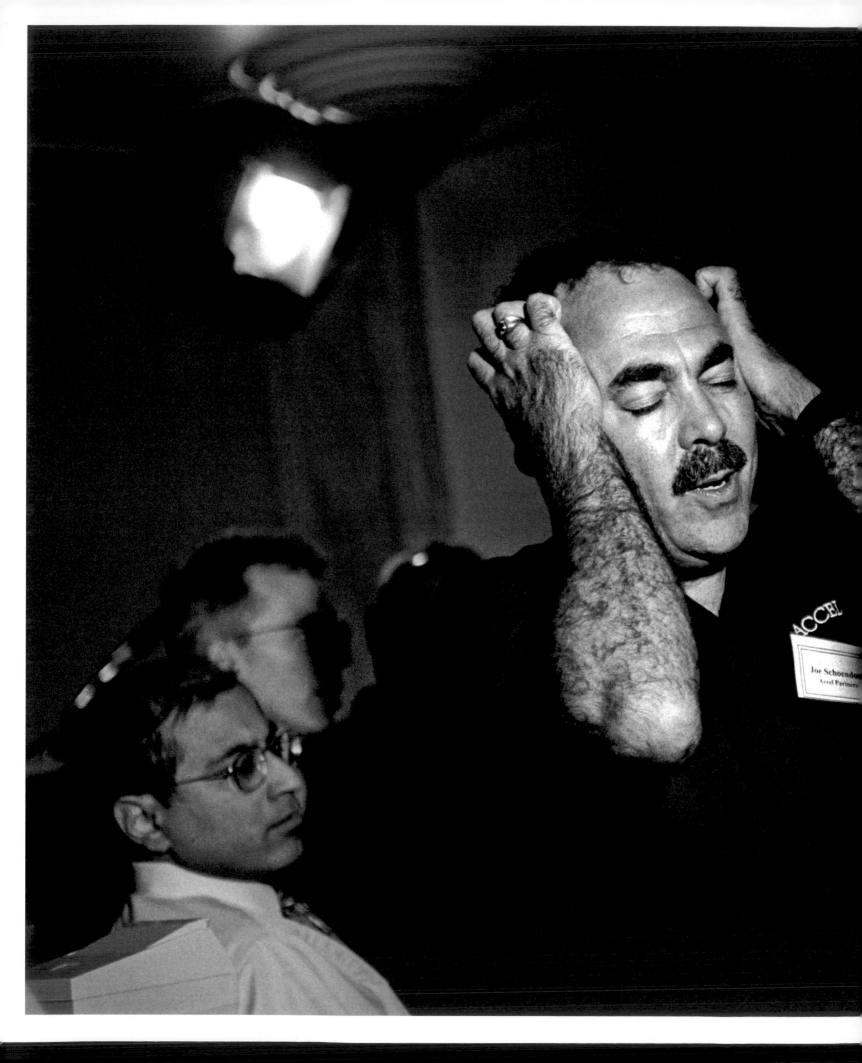

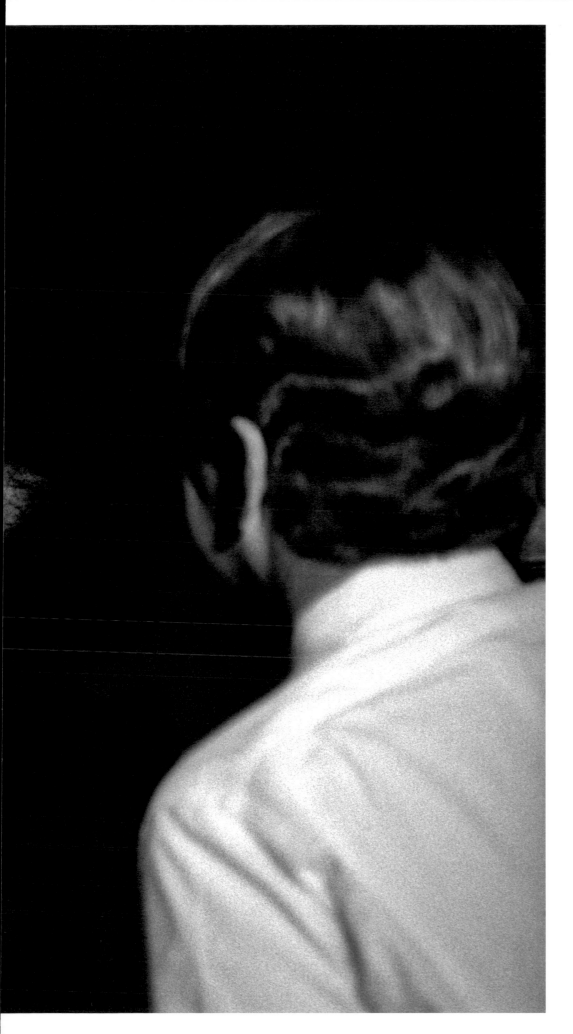

The Elevator Pitch.
Palo Alto, California, 1997.

**30 秒內賣點子**
加州帕羅奧圖市，1997 年

▀▖

這是由頂尖創投公司舉辦，請創業家參
加的特別活動。圖中是加速合夥公司
（Accel Partners）的喬·荀多夫（Joe
Schoendorf）聽到某位創業者的新創企
業點子時的反應。

Previous Spread
Searching for Diamonds.
San Francisco, California, 1991.

**尋找鑽石**（前頁跨頁）
加州舊金山市，1991 年

▬▬

KPCB 創投合夥人從會議中溜出來，
聚集在附近一間飯店的套房裡。他們
得從無數的機會中抽絲剝繭，決定該
把籌碼押在哪家新創企業上。順時鐘
方向由左上起：佛洛依德·克凡姆
（Floyd Kvamme）與瑞吉斯·麥金納
（Regis McKenna）；義大利創業家暨
NetFRAME 執行長恩佐·托瑞希（Enzo
Torresi）與吉姆·萊利（Jim Lally）；昇
陽電腦共同創辦人維諾·科斯拉（Viond
Khosla）；萊利將文件一張張攤開檢視。

Can You Hear Me Now?
San Francisco, California, 1991.

**現在聽得到嗎？**
加州舊金山市，1991 年

▬▬

KPCB 創投合夥人布魯克·拜爾斯
（左）、約翰·杜爾（右）以及瑞士
信貸執行長法蘭克·夸特隆（Frank
Quattrone），在某次電腦業研討會上，
開心地使用全新的摩托羅拉翻蓋式手
機。夸特隆協助了十幾家科技公司上市，
包括思科（Cisco）與亞馬遜。

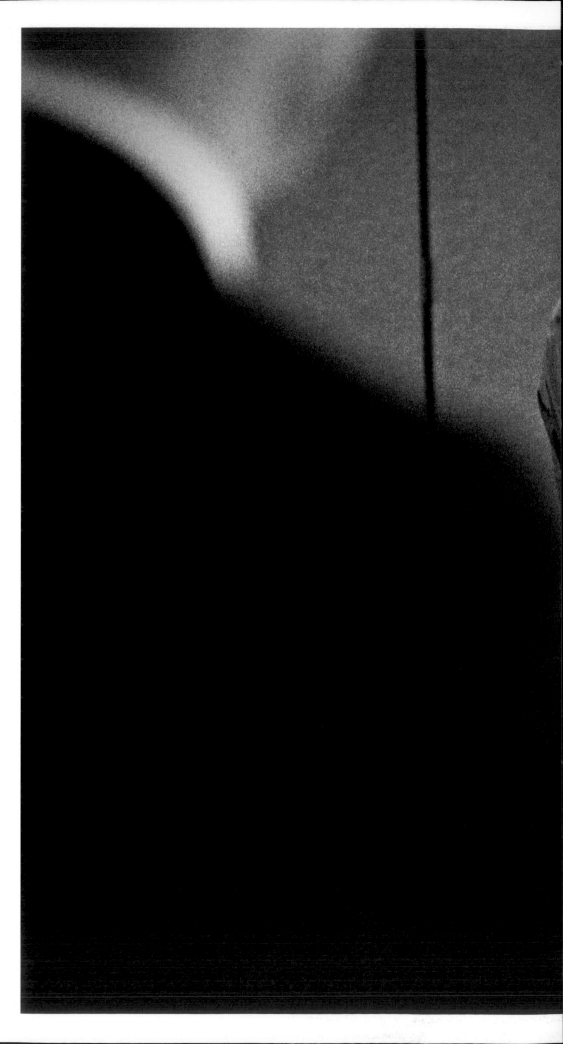

The Power Table.
Palo Alto, California, 1995.

權力桌
加州帕羅奧圖市，1995 年

KCPB 創投餐會上，席間大家不
停地取笑合夥人布魯克·拜爾斯
（中）。拜爾斯與在場同事，是矽
谷首屈一指的幾位成功創投家；拜
爾斯至今仍是如此，他負責 KCPB
在生物科技、健保與醫療科技方面
的投資。很受敬重的公關創新家瑞
吉斯·麥金納（左）是賈伯斯創立
蘋果時的精神導師，教給他精湛獨
到的麥氏公關技巧。

Investors.
San Francisco, California, 1991.

**投資人**
加州舊金山市，1991 年

舊金山一家旅館裡舉行的科技研討
會，這裡位於矽谷北邊，但距離那
些邋遢工程師的新創企業似乎有一
個世界之遙。風險投資者正在敲定
生意，若是沒有這些經驗豐富的投
資者，願意賭上極高風險支持年輕
創業家的點子與才幹，那麼數位革
命無從發生。1975 年，矽谷得自
外來的投資總額不過數百萬美元；
到了這張照片拍攝的時期，此投資
數目逼近 100 億美元，且還持續攀
升。2000 年，這個投資總額推向
1,110 億美元的巨額資金。

**球賽開打**
科羅拉多州亞斯本市，1995 年

--

KPCB 合夥人布魯克‧拜爾斯（立者）、
約瑟夫‧拉柯布（Joseph Lacob）和孩
子們打一場觸碰式足球。這是公司的年
度聚會，包括合夥人、法人投資者、特
邀創業家來賓以及眷屬們，都會前往科
羅拉多州參加 KPCB 年度亞斯本峰會，
檢視過去一年的成績、訂定未來策略，
並在落磯山區休憩度假。

The Young Mogul before the
Merger.
Aspen, Colorado, 1995.

The Other Amazon.
Aspen, Colorado, 1995.

**合併前的青年顯貴**（右上）
科羅拉多州亞斯本市，1995 年

**另一個亞馬遜**（右下）
科羅拉多州亞斯本市，1995 年

"

"

美國線上執行長史帝夫‧凱斯（Steve Case）在亞斯本峰會的休息時間查看電子郵件，五年後就是美國線上與時代華納註定失敗的合併。美國線上曾是網際網路先驅，在 1980 年代末期提供電子郵件和其他服務，吸引了數百萬人開始上網。KPCB 是早期投資者。

在 KPCB 年度亞斯本峰會，內人特瑞莎（Tereza）注意到一名身穿 T 恤，上有 AMAZON 字樣的男子。特瑞莎來自巴西，因此我們上前攀談，本以為聊天內容會是巴西與亞馬遜這條知名大河。豈知接下來，我們坐上開往亞斯本山頂的吊車，同行的就是這位友善的傑夫‧貝佐斯（Jeff Bezos）。他解釋說，他才剛開了一間新公司叫 Amzon.com，還對著我們拿出募集資金的話術，問我們有什麼想法。我們能說什麼呢？這聽起來讓人為之目眩，但又令人不安。傳統書店以後可辛苦了，但亞馬遜這點子又酷又實用，顯然勢不可擋。貝佐斯與他的華爾街同事有一點不一樣：他願意接受風險，看得又長又遠，決心不計獲利也要拿下市占率。事實證明貝佐斯是對的。然而時至今日，亞馬遜的經營哲學在美國企業中依舊是異數。

President Clinton Is Really Smart.
Mountain View, California, 1995.

**絕頂聰明柯林頓**
加州山景城，1995 年

--

美國前總統柯林頓在尋求連任的競選活動中，參加了某次由矽谷頂尖執行長共同舉辦的募款餐會。圖中與他交談的是約翰‧杜爾（中），協助安排這次在瑞吉斯‧麥金納家中的聚會。整個餐會中，執行長們拿出各式各樣的問題就教柯林頓，從複雜科技、貿易到經濟議題。柯林頓耐心聆聽，平穩而有條理的一條一條分別為賓客解惑，展露了令人咋舌的知識廣度與深度，連晦澀難懂的加密科技也有涉獵。與會賓客紛紛掏出支票本，慷慨簽下大筆數字支持柯林頓連任。

Next Spread
High-Altitude Ambition.
Aspen, Colorado, 1993.

**雄心比山高**（次頁跨頁）
科羅拉多州亞斯本市，1993 年

--

在年度的亞斯本高峰會裡，一場場簡報與對話都聚焦於新科技如何具備無窮潛力來轉化人類生活，你完全可以感受到其中真實的興奮之感。其中一場熱烈、奇特的論壇，KPCB 創投請來世上最聰明的幾位創業家、科學家、未來學家與金融家，這就像一場完全內行人參加的迷你 TED 論壇。大家在此放鬆，互相激盪創意、交換點子，談論自己正在研發或希望研發的科技，也擴展自己對科技界的掌握，保持競爭力。

"Maybe the
revolution is
the point,
not the profit."

「或許重點在於革命，
不在獲利。」

——比爾·喬伊，昇陽系統共同創辦人，談到要解決氣候變遷這種大
範圍科技挑戰，長期而持續的投資十分關鍵。

—Bill Joy, cofounder, Sun Microsystems, on the importance of long-term,
patient investments required to solve big technology challenges such as
climate change

Bill Gates Says No One Should Ever
Pay More Than $50 for a Photograph.
Laguna Niguel, California, 1992.

**蓋茲說，照片使用費不該超過 50 美元**
加州拉古納尼格，1992 年

"

在 92 年時程研討會（Agenda '92 Conference）
中，微軟執行長比爾・蓋茲談到給大眾使用
便宜的內容，並與記者們爭論微軟延遲已久
的霧件（vaporware）更新。這場研討會的主
持人是優雅犀利的史都華・艾索普（Stuart
Alsop）。艾索普在一場台上訪談中對蓋茲毫
不留情，一再逼問微軟延遲的原因。那年稍
後是影響力第三大的 TED 會議，蓋茲針對數
位內容及照片成本上台簡報，他說：「誰都
不必為了一張相片花上 50 美元。」接著蓋茲
解釋，他在西雅圖建造的高科技房子正逐漸
完工，內部裝潢配有持續播放不同影像的螢
幕。蓋茲估計，這麼多影像，授權費用應該
很高，因此他開始思考該如何擁有或控制大
量影像檔案。這個想法引出了圖庫事業的成
立，原本取名為 Continuum，目標是發展大
型影像圖書館，以供線上銷售用。到了 TED
後台，在緬因州成立創意影像中心的瓊・羅
森堡（Joan Rosenberg）對蓋茲的談話十分生
氣，她熱烈捍衛攝影師，對著蓋茲尖叫撲去；
從盧卡斯影業轉往 Continuum 的史帝夫・阿
諾（Steve Arnold）及時一箭步擋在蓋茲前面，
拉住羅森堡。蓋茲的宣言，等於是開啟了傳
統攝影師謀生方式的末日，這點羅森堡很清
楚。的確，Continuum 的第一張合約對授權
項目無所不包，在商業攝影界遭到嚴厲抨擊，
使得公司考慮更名。

於是科比士影像（Corbis）誕生了。

Getting with the Program.
Seattle, Washington, 1989.

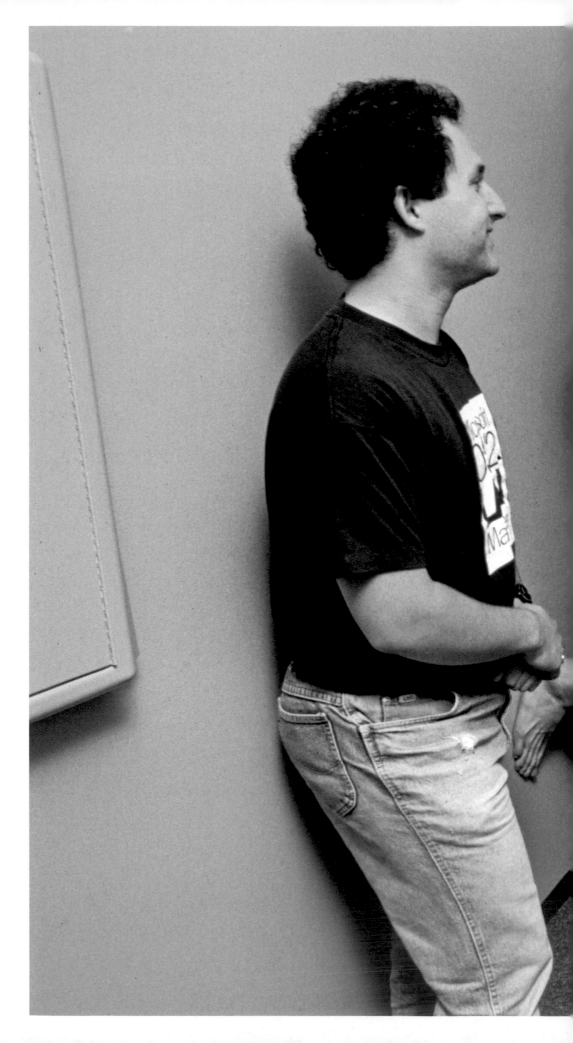

## 搏感情是主管的職責
華盛頓州西雅圖市，1989 年

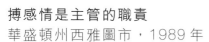

這裡是微軟位於華盛頓州雷德蒙德
（Redmond）的總部，系統軟體資深副
總裁史蒂夫・鮑默（Steve Ballmer，右）
與一群程式工程師打成一片。鮑默這一
年的主要工作重點，是與 IBM 合作的新
作業系統 OS/2。不久後，合作關係解
除，於是微軟完全聚焦於已帶來豐富獲
利的 Windows 作業系統。鮑默古怪暴躁
的脾氣是出了名的，動不動就咆哮。他
幽默起來別具一格，但發起狠來毫不容
情，對微軟的競爭者尤其如此。2000 年
鮑默成為執行長，於 2014 年卸任。

A Dog of Autodesk.
San Rafael, California, 1995.

歐特克之狗
加州聖拉菲爾市，1995 年

歐特克由執行長卡羅・巴茲領導，是前
幾家允許（甚至是鼓勵）員工帶寵物來
上班的科技公司。現在已有研究證明，
與寵物互動可減緩心跳與壓力，不論在
家中或工作時都有這種效果。但當時這
個趨勢則顯現了新一代工程師帶給矽谷
的文化轉變。歐特克領先推出電腦輔助
3D 設計軟體（CAD），在工程師及建築
師之間廣泛運用，例如營造、製造、媒
體及娛樂等用途。但在達康泡沫時期，
巴茲曾與公司走過一段非常艱困的歲
月。巴茲說：「我會出席投資說明會，
但連坐的位置都沒有。只能在那些泡沫
達康公司於台上演說的同時站著講，然
後有四個股東聽我說。」巴茲挺了下去，
到 2000 年後，帶領公司席捲大半個電
腦設計軟體市場。

Exercise Break at Intel Fab 11X.
Rio Rancho, New Mexico, 1998.

## 英特爾 11X 廠的運動時間
新墨西哥州李歐藍丘市，1998 年

--

英特爾最大的晶片製造廠的工人們趁著休息時間運動與伸展筋骨。這間工廠是龐大的無菌室，要求嚴格，進了廠房必須全程穿著連身無菌衣，阻絕來自頭髮與皮膚的污染源。這些工人每秒做出五枚晶片，一天 24 小時不間斷。許多人來自附近的印第安部落（Pueblo），出了新科技廠房，依舊按照傳統方式生活。下班後，很多人與家人一起照料田地，種植玉米與豆子，然後再吃晚餐。英特爾是業界的發電機，讓微軟 Windows 取得作業系統的主導地位，今天絕大多數的個人電腦裡都靠英特爾晶片執行。英特爾創辦人是兩位業界傳奇：高登・摩爾與羅伯・諾伊斯（Robert Noyce）；第一位員工則是安迪・葛洛夫。摩爾最知名的是提出摩爾定律（Moore's law），而諾伊斯共同創造了矽微晶片，矽谷因此得名，也以此迅速成長。葛洛夫成為執行長後，帶領英特爾開創了巨幅成長。賈伯斯成立 NeXT 時，葛洛夫還是他的精神導師。雖然賈伯斯討厭微軟 Windows，對英特爾支持微軟這事也挺感冒，但他仍稱許剛推出的 Pentium 處理器是「市場上最酷的東西」。賈伯斯重掌蘋果後个久，便將蘋果電腦改用英特爾處理器。

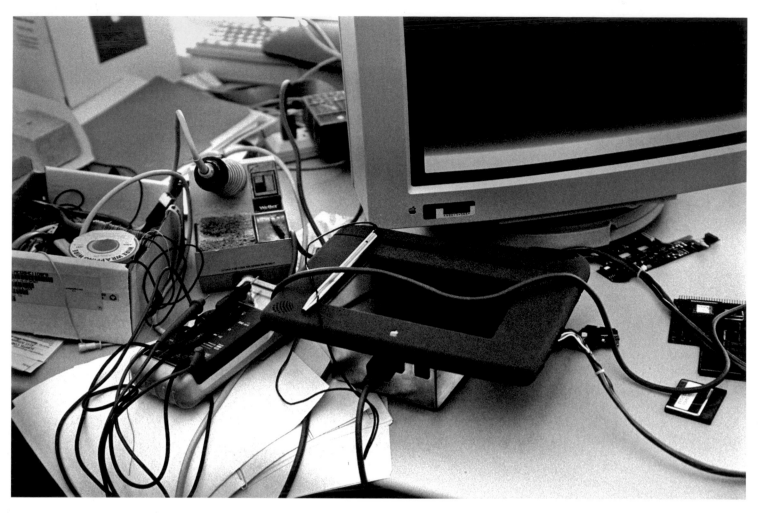

Previous Spread
Evidence of Human Activity.
Silicon Valley, California.

人類活動的證據（前頁跨頁）
加州矽谷

▀▀

在矽谷這場大漩渦中，你很難看到絕對
整齊乾淨的辦公空間。最典型的就是充
滿個人特色的布置，與大疊大疊的文件、
電子零件，或正在研發的部分原型機。
凌亂的程度也反映出工作步調。順時鐘
從左上起：蘋果總公司裡紙張大小的神
祕牛頓原型機，也是 iPad 的前身（加州
庫柏提諾市，1993 年）；辦公桌上的小
玩意與家人照片，劃出個人工作領域（昇
陽電腦，加州山景城，1992 年）；新加
坡蘋果工廠某位工程師的工作台（1994
年）；蘋果一處辦公桌上的幾台牛頓原
型機（加州庫柏提諾市，1992 年）。

Difference of Opinion.
San Mateo, California, 1990.

意見不同
加州聖馬提歐市，1990 年

▀▀

某次氣氛緊張的投資會議到了休息時
間，一位經理人步步進逼，在會場外私
下爭論，強調自己的論點。流入矽谷的
資金非常龐大，來自養老金與退休基金
的錢成了投資基金的金源，這次投資會
議也是其中之一；因此讓情緒緊繃，也
影響判斷。儘管女性運動已行之有年，
矽谷仍明明白白是由男性主導的環境。
那個年代的女性得奮力爭取一切，或許
現在也依舊如此。儘管愈來愈多女性站
上能見度高的領導位置，但在工程端的
遊戲規則還是沒多大改變。

Anxiety Is Sweeping the Room.
Emeryville, California, 1991.

Winning Isn't Everything, It's the Only Thing.
Berkeley, California, 1989.

焦慮蔓延整個房間（左上）
加州愛莫利維爾市，1991 年

勝利不是一切，但是唯一的一件事（左下）
加州柏克萊，1989 年

法拉隆電腦慶祝公司擴張與搬遷的宴會上，員工正在討論業界一項大展，以及產品展示期限逐漸逼近。我記錄矽谷生活超過十五年，新產品要更快問市，這個壓力刻不容緩，而且競爭一年比一年激烈。不過產品的真正上市，比起上市前的行銷已經愈來愈次要了；上市前的行銷決定新產品的定位與品牌策略。所有資源從創造產品，轉移到為一場又一場的商品展打造展示品。新科技需要行銷，應運而生的各項商品大展也成了獲利很高的新創業模式。

法拉隆電腦一位員工跳得半天高。這間公司的創辦人是生物物理學家瑞西·瓊斯，他也是發明人與投資者。法拉隆電腦推出 PhoneNet 作為一種低成本的麥金塔網路系統，讓 AppleTalk 能在電話線上執行。瓊斯有多種電信專利，他自己也有個計畫：預測地球上生命形式的長程演進。

Unknown Unknowns.
Fremont, California, 1990.

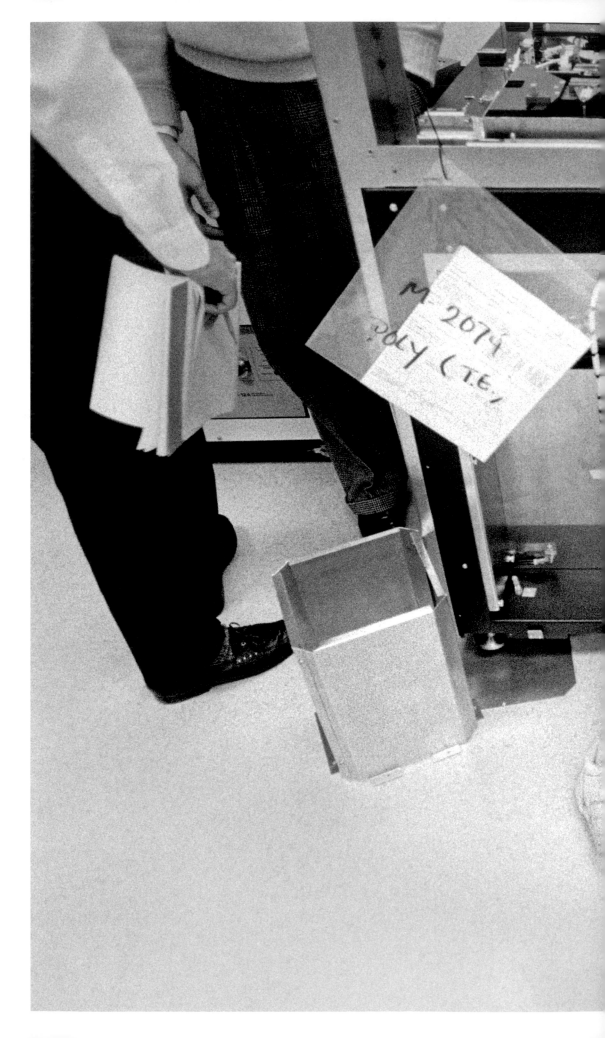

**無名英雄**
加州費立蒙市，1990 年

▀▀

科林研發（Lam Research）的工程
師很辛苦地鑽進一台複雜的電漿蝕
刻機組，解決電源連接問題。這個
機器使用於矽積體電路的製程中。

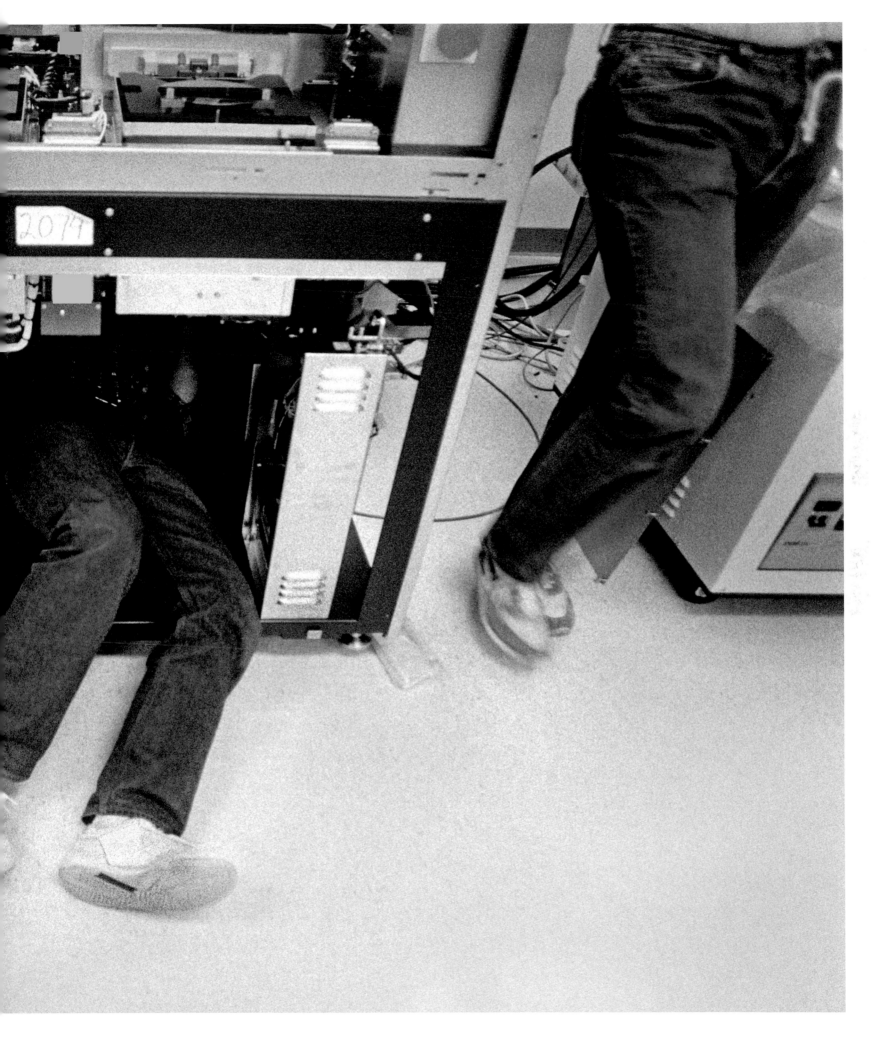

Soul of the Newest Machine.
Zurich, Switzerland, 1997.

最新機器的靈魂
瑞士蘇黎世，1997 年

--

IBM 先進功能材料團隊的奈米科學家尚·馮貝林（Jean Fompeyrine）正在調整分子束外延系統（molecular beam epitaxy system），這個方法能長出不同材料的單晶薄膜。

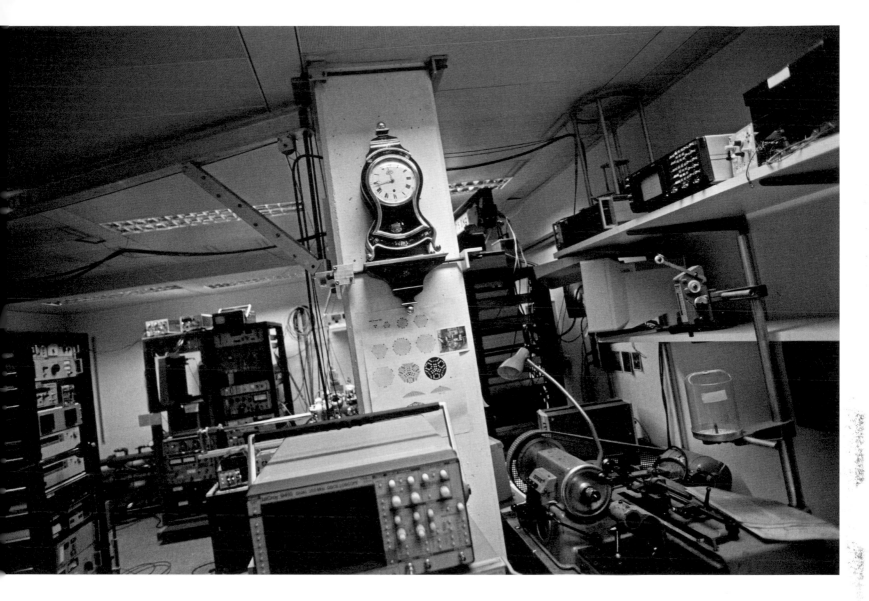

Time for the Future.
Zurich, Switzerland, 1997.

邁向未來的時候到了
瑞士蘇黎世，1997 年

IBM 先進功能材料團隊的實驗室裡，有枚傳統瑞士鐘噹噹報時，標記流逝的時光。

Right Place, Right Time, Right Skills.
Mountain View, California, 1996.

## 地點要對、時間要對、技術也要對
加州山景城，1996 年

"

馬克·安德生由公關（右方坐者）在旁提點，
正在接受電話訪問。他實在筋疲力竭，卻因為
參與推動數位變遷，而搭上這波全球浪潮。
自從網景瀏覽器問世，大家能更輕鬆快速連
上網路，於是媒體一直追著要採訪安德生。他
於 1994 年與電腦繪圖先驅吉姆·克拉克（Jim
Clark）共同創辦了網景，資金來自克拉克與
KPCB 創投的約翰·杜爾。安德生在伊利諾大
學就讀時，與人合創馬賽克瀏覽器（Mosaic），
因此被克拉克延攬。網景瀏覽器一開始就大受
歡迎，在 1995 年到 1996 年間很快便拿到九
成的市占率。快速成長為他們帶來龐大收益，
但在 1995 年 8 月首次公開募股時還沒有實現
獲利。這次公開募股創下首日獲利記錄，讓這
個毫無獲利的達康公司市值達到難以置信的
29 億美元，是矽谷史上的里程碑。1996 年
安德生一張光腳坐在王位上的照片，成了《時
代》雜誌封面。網景的公開募股翻轉了保守思
維，就算沒看到完成的產品也能投資並鼓勵達
康瘋潮。但微軟早已將魔多（Mordor）般的黑
暗凝視轉向南方的網景，釋出免費的 Internet
Explorer，但必須搭載 Windows 95 作業系統。
到了 1997 年初期，巨人哥利亞壓垮了大衛，
在瀏覽器一戰大獲全勝。網景堅持下去，在
1998 年遣散部分員工以降低成本。但網景的
市占率滑落速度就跟成長速度一樣快，不到幾
年間，就從主宰局面萎縮到僅剩 1%。

Engineers at Beckman Instruments.
Fullerton, California, 1989.

**貝克曼儀器公司的工程師**
加州富樂頓市，1989 年

惠普當年最大競爭者貝克曼儀器的資深
工程師，口袋插著名牌、保護衣物的筆
袋與滑尺，呈現出理工書呆子的經典形
象。這些人包括數學界先驅與二次大戰
英雄、太空科技競賽，以及打造矽谷的
一代巨人。接下來是賈伯斯那一代的嬉
皮型電腦宅男，帶著隨性而反叛的調調，
以嶄新理念顛覆現狀。他們揚棄口袋的
筆插袋、領帶、滑尺，以及所有規定，
完全翻轉過去小心翼翼的工程師文化。
今天美國缺乏足夠的專業工程師來補足
科技業的上百萬人力需求。根據美國勞
動部的數字，在 2012 年，科學、科技、
工程以及數學界，有 300 萬的職缺從
2011 年 2 月就空在那裡。這個問題一
直延續到今天，相關討論很多，但找不
出簡單的解決辦法。美國的電腦科學界
在 2012 年產出的博士遠少於 1970 年，
講到電腦科學的各階段畢業生，美國無
法與中國、俄羅斯和印度競爭。小布希
政府改變簽證規定，要求所有工程相關
的外國學生畢業後就得回國，使得美國
的人才庫又更加縮水。

The Inconvenience of Success.
Santa Clara, California, 1992.

**成功的不便之處**
加州聖塔克拉拉市，1992 年

▀▀

昇陽的工作站執行迅速，成本又低，因此比其他科技公司更快達到 10 億美元的收益。伴隨巨大成功而來的，是競爭壓力逐步升高；在短短幾年間，全球員工增加到 15,000 人，迫使所有部門得趕快搬去更大的辦公室。

Next Spread
Turning the Ship Around.
IBM facilities in New York State, 1997.

**將船掉過頭來**（次頁跨頁）
IBM 位於紐約州的機房，1997 年

▀▀

順時針由左上起：IBM 研究科學家正以雙手在螢幕上研究虛擬實境（紐約州阿默克市，1997 年）；IBM 科學家丹尼爾‧艾德斯坦（Daniel C. Edelstein）與同事一同檢視銅晶片原型，這個極端先進技術會震撼業界。銅製的內部連接線，與過去業界標準使用的鋁相比，是更好的導體，這種新晶片保證未來數年微處理器能持續進展（紐約州東菲什基爾市，1997 年）；一位 IBM 研究員正準備做簡報（紐約州東菲什基爾市，1997 年）；IBM 執行長路易斯‧葛斯納（Louis Gerstner）正在談論 IBM 當時進行的激烈結構重整（紐約州阿默克市，1997 年）。

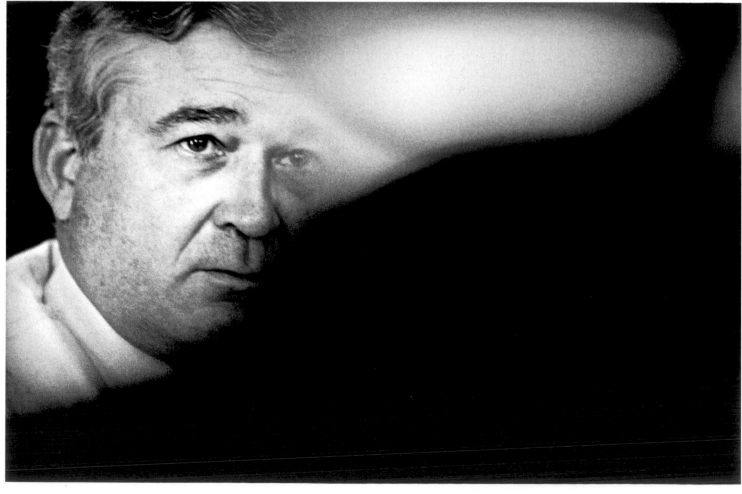

Bill Joy Is Worried about the
Future of the Human Race.
Aspen, Colorado, 1998.

## 比爾·喬伊憂慮人類的未來
科羅拉多州亞斯本市，1998 年

**"**

傳奇程式設計師暨昇陽電腦共同創辦人
比爾·喬伊，在加州大學柏克萊分校就
讀期間就寫出了柏克萊 Unix 作業系統；
還協助美國國防部建立 TCP/IP 堆疊碼，
即使遭遇核戰，電子郵件仍能以最不受
干擾的路徑傳輸。喬伊後來共同創辦昇
陽電腦，成了億萬富翁，娶妻生子，也
是藝術鑑賞者。喬伊還成功協助完成
Java 程式碼，這可能是昇陽電腦最重要
的資產。如今喬伊認為，毫無節制地為
創新而創新，會動搖人類生存的根基。
2000 年喬伊在《連線》雜誌發表一篇宣
言，質疑一般認為理所當然的無節制發
展，震驚了科技界。喬伊與知名科學家
雷·庫爾茲維爾（Ray Kurzweil）會談，
聽說了他的奇點（Singularity）論述——
也就是等到電腦獲得意識，人類就可將
人腦上載到一個蜂巢式電腦。這個論據
促使喬伊開始架構他的論文，他警告，
若是少了深思熟慮的控制機制，那麼像
是機器人、超級電腦、奈米科技與基因
工程等 21 世紀最強的科技發展，很可
能摧毀人類這個物種。過去十年間，喬
伊在全球各處尋找能廣泛運用的綠色科
技，作為氣候變遷的解決方案。他說已
找到十個他所謂的「愛迪生」，只要得
到足夠金援，就能做出可觀的科技突破。
可惜的是，投資者實在難找，因為很少
人願意冒險支持這種挑戰性極高的長期
計畫。

*Manneken Pis* Waters
the Battleground at Sun
Microsystems.
Santa Clara, California, 1995.

**尿尿小童灌溉著昇陽電腦的戰場**
加州聖塔克拉拉市，1995 年

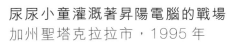

昇陽電腦的屋頂上飄揚著海盜船骷髏頭
旗幟，還有一個複製的比利時尿尿小童，
大剌剌的往下持續撒尿。而下方是上千
名員工認真專注的打水仗，整個公司園
區都是戰場。由執行長史考特・麥克尼
利（Scott McNealy）領軍，資深主管都
配備了精良的水槍。昇陽靠著 Unix 作業
系統的電腦，在 1985 到 1989 年間是成
長最快速的科技公司。

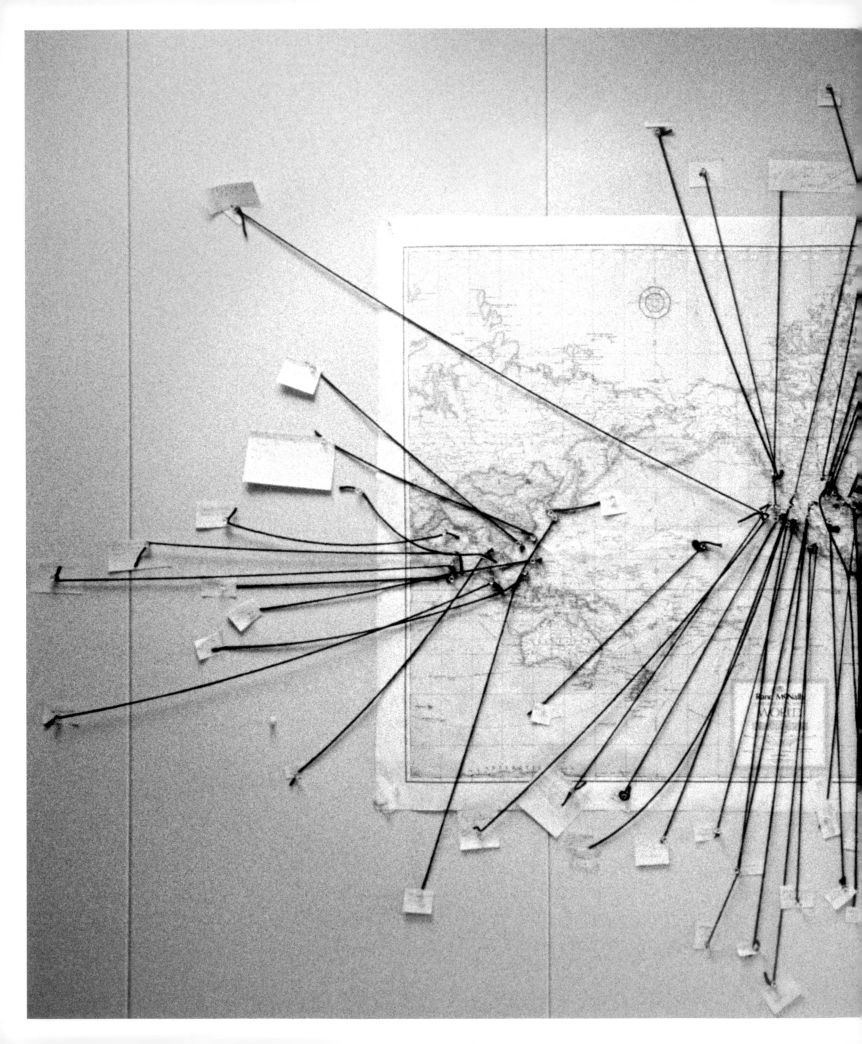

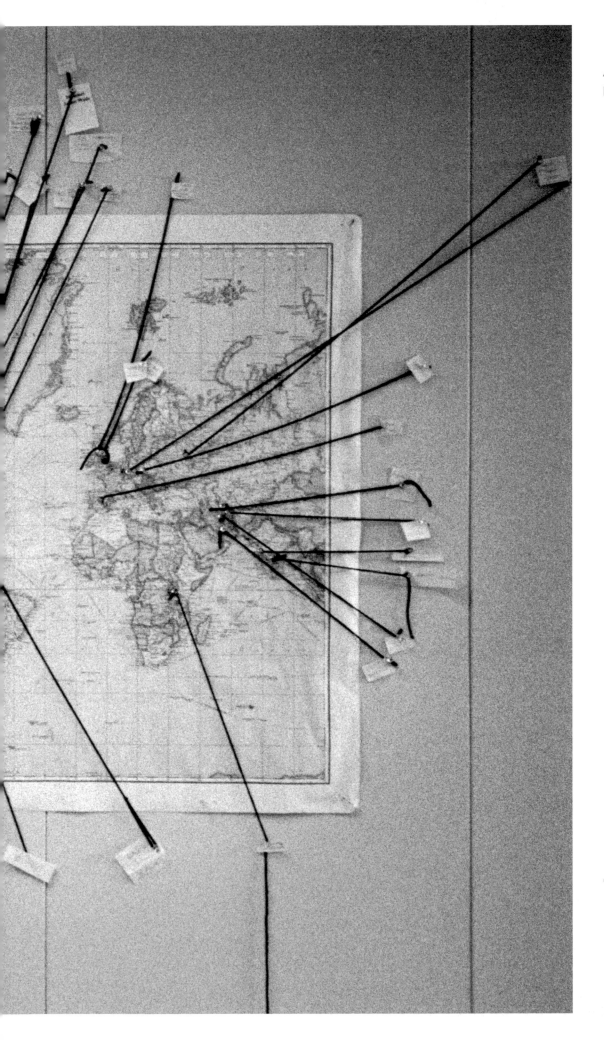

A Plan for Global Golf.
Mountain View, California, 1991.

環球高爾夫地圖
加州山景城，1991 年

這張圖掛在昇陽電腦執行長史考
特‧麥克尼利的辦公室，但可不是
經營策略圖，而是詳細列出世界各
地他想造訪的高爾夫球場。

**勝利的團結**
加州聖塔克拉拉市，1992 年

--

昇陽實驗室的員工對抗昇陽軟件分部（SunSoft）的同事，打了一場激烈爭鬥的水仗。談判了七點條約，並宣告平手。他們渾身濕透，帶著贏家的心情返家。

United in Victory.
Santa Clara, California, 1992.

"The best part
of the story is, by
noon Monday I had
ten million dollars
in the bank."

「整個故事最美好的一段，就是不到星期一中午，我的銀行帳戶便湊足一千萬美元。」

——新創網路公司 NetObjects 共同創辦人暨 CEO 薩米爾·阿羅拉，談到投資人抽走公司金援後，他如何從失敗邊緣重新站起。

—Samir Arora, cofounder and CEO of internet start-up NetObjects, relating his comeback from the brink of failure due to his investors' cutting off his company's funding.

The Mission.
Redwood City, California, 1998.

## 使命
加州紅木市，1998 年

"

NetObjects 執行長與共同創辦人薩米爾·阿羅拉（現為非常成功的網路媒體公司 Glam Media 領導人）剛開完一場關鍵的董事會議，正以訴諸個人情感的動人演說鼓舞員工。阿羅拉是很懂得激勵人心的領導者。他受到賈伯斯的啟發，1986 年從印度來到蘋果擔任工程師。阿羅拉以一張白紙寫上關於計算機未來的許多深入看法與遠見，擢升速度很快；接著便直接為蘋果執行長史考利工作，參與研發 Knowledge Navigator。他後來離開蘋果，一同辭職的還有深具影響力的平面設計師克萊門特·莫（Clement Mok，上左坐者）、大衛·克藍堡（David Kleinberg，下左坐者），以及他的哥哥薩爾·阿羅拉（Sal Arora，不在圖中），他們一起創辦了 NetObjects。這家公司寫出第一個讓人人都能自己做網頁的軟體。很快的，NetObjects 變成火紅的新創企業，帶有推動網路得到更廣泛運用的使命，加上一個聰明的產品理念、充足的資金、相對儉省的辦公室（配有桌上足球與乒乓球桌），以及一個優秀而盡心盡力的團隊。他們也完全相信自己的產品，這跟達康時代許多公司的員工不同。但來自微軟 FrontPage 的競爭，以及投資者希望公開募資的壓力愈來愈大，阿羅拉當天對大家傳遞的訊息是，儘管他們已經很努力，但還得更加拚命才行。

Remains of an All-Night
Programming Session.
Redwood City, California, 1997.

徹夜加班的遺跡
加州紅木市，1997 年

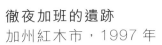

NetObjects 的總部早晨，桌上是工程師
留下的外帶中國菜空盒。為了完成電腦
軟體的重要更新，他們整夜工作。程式
設計師常吃的還包括披薩、汽水，以及
巧克力小蛋糕卷。

New Employees Are Requested to
Wear Balloon Hats.
Redwood City, California, 1998.

**新員工得戴上氣球帽**
加州紅木市，1998 年

▬◢

薩米爾‧阿羅拉（右方柔焦者）在
NetObjects 總部召開幹部會議，驅策他
的團隊繼續主宰網頁設計軟體市場。到
職不久的員工被要求戴上氣球帽，作為
輕鬆取樂的儀式。他們相信這可以強化
團隊內部連結，在高度壓力的工作環境
（與戰場）中十分必要。

A True Believer.
Redwood City, California, 1998.

Many Ways to Skin a Cat, Invent New
Redwood City, California, 1998.

**狂熱分子**（左上）
加州紅木市，1998 年

--

NetObjects 產品設計總監維多・佐德（Victor Zaud）與克萊門特・莫於 1996 年成立一個六人產品設計團隊，並為 NetObjects Fusion 贏得軟體介面設計獎。圖中他正與進行軟體更新的同事談論他對 NetObjects 設計的哲學。佐德試圖以視覺設計勾起情感反應，他說視覺可能是「龐大／粗笨」，但也可以是「非常誘人」。蘋果前設計師與 NeXT 創意總監蘇珊・凱爾為 NetObjects 設計的遊標讓佐德十分著迷。如今佐德與凱爾在撒米爾・阿羅拉的新公司 Glam Media 共事。人才在一個又一個的專案間流動，於矽谷十分常見。這裡是具備極端天賦的天才聚集之處，他們相互協力共創公司，接著各自啟程、再度相遇，然後又打造另一間有趣的公司。未來學家與思想領袖保羅・薩佛（Paul Saffo）認為，這種有如彈珠台般的撞擊動能與相似法則，正是矽谷最突出的特質之一，也讓矽谷成為獨一無二的創新機器。

**林林總總的變通、發明新科技之道──或坐姿**（左下）
加州紅木市，1998 年

--

NetObjects 工程總監蘿拉・宗（Laura Zung，音譯），工作時最知名的就是她獨特的椅上坐姿。她在圖中正與同事討論產品推出時程以及 NetObjects Fusion 軟體更新的行銷策略。她常常蹲踞在椅子上，低頭檢視撒了一地的文件並慢慢轉著圈子。NetObjects 碰上的關鍵工程決定，是軟體是否該整合 HTML 這種將內容結構化並放上網頁的通用程式語言；或保留 NetObjects Fusion 封閉專有的系統特性。他們選擇了後者。

The Creative Process Never Stops.
Redwood City, California, 1996.

**永不停息的創意流程**
加州紅木市，1996 年

--

我們無法進入克萊門特‧莫的腦中。但若我們可以看到這位資深平面設計、作者，與充滿遠見的創業者在想什麼，我想應該是色彩科幻而龐大的 3D 想像空間，竄流著層出不窮的新點子。左圖中的他正陷入沈思，地點是 NetObjects 討論 Fusion 軟體的一場會議，而他是共同創辦人。他曾擔任賈伯斯的創意總監，協助推出 Apple llc 與麥金塔電腦。

Next Spread
Riding the Dot-Com Wave.
Redwood City, California, 1998.

**站上達康的浪頭**（次頁跨頁）
加州紅木市，1998 年

--

攝於 NetObjects。從左上開始，順時針方向分別為：葛瑞‧布朗（Greg Brown）看著莫妮卡‧霍格比茲（Moneka Hoogerbeets）對某個 NetObjects 軟體展示的反應；共同創辦人薩米爾‧阿羅拉跪著工作；資深工程總監史提芬‧波耶（Steven Boye）；某位員工接獲數個相互衝突的指令，僵立當場，不知該走哪一步。

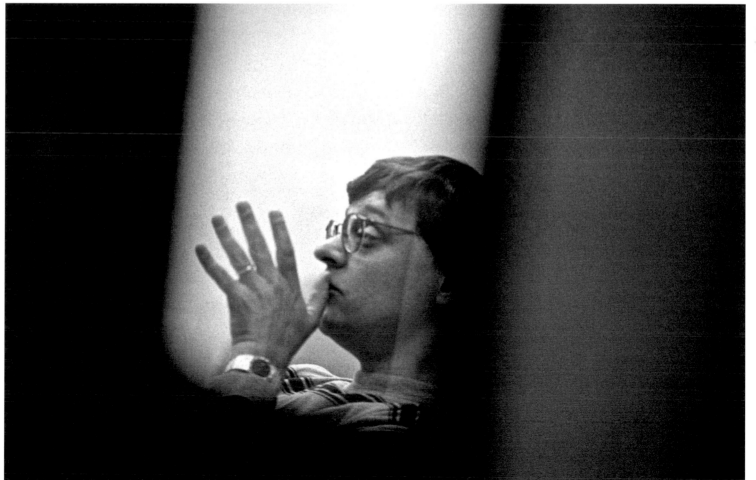

Samir Arora Facing Down His Investors.
Redwood City, California, 1999.

**薩米爾・阿羅拉睥睨投資人**
加州紅木市，1999 年

"

星期五下午四點，NetObjects 董事會吵得不可開交，而且火氣持續升高。投資人要求執行長暨共同創辦人阿羅拉下台，並辭去總裁的職位。他們看到微軟所導致的壓力愈來愈大，加上其他問題，因此對阿羅拉的策略十分不滿。一屋子的股東都離席了，留下阿羅拉與兩個主要金主大聲爭執。投資人把創新者與創辦人趕出公司在矽谷十分常見，有時是因為管理能力不足，或策略目標相悖。幾乎每間公司都會碰上這種情況。但阿羅拉居然打破傳統，悍然拒絕辭職，也不肯修正他的理念，反而怒氣沖沖地要求投資者離場。投資人非常生氣，立即切斷他的金源；逼得阿羅拉必須在那個週五下午，站在 125 名員工前面，花了一個小時解釋，經過四年血汗交織、充滿淚水的艱辛奮鬥，他們還是面臨嚴重危機。阿羅拉宣告，他絕不會收掉公司，無論如何要繼續尋找金主。佐德後來回憶，阿羅拉要求願意相信他的理念，也願意暫時不支薪工作的人留下，無法辦到的人就離開。佐德與團隊裡多數人選擇留下。阿羅拉開始打電話給他認識的所有投資者，到了隔週週一中午，他銀行裡多了 1,000 萬美元。NetObjects 奇蹟式的保住了。不久後，他策劃將公司賣給 IBM，為投資人賺進百分之一千的投資報酬率。這個驚人的成功，後來在 3 月 NetObjects 首次公開募資時遭遇些微挫折；但儘管市場反應冷淡，這次公開上市仍得到足夠資金，讓 NetObjects 又撐了幾年，再度出售。員工們安靜地喝香檳慶祝，旁邊的電視播放公開上市的新聞，CNN 主播問道：「這是達康泡沫化的起點嗎？」的確是。

**夢想的結束**
矽谷，2000 年

--

不論興起的是什麼，最終還是會走向顛躓沉落，這是生命的自然循環。我在矽谷那陣子，常聽到有人討論一切都註定要結束，這似乎是矽谷人一直擔心的事，但幾乎沒有人注意到事跡暴露的確切時刻。達康泡沫開始崩解時，像是慢動作的災難，在 1999 年到 2000 年間緩慢展開；接著，以折斷頸骨的重力加速度，從當地創投資金蔓延到華爾街，再來是大型退休基金跟年長投資人的老本。到了 2001 年，數億美元的股東價值被沖刷得一毛不剩。感覺像是天上降下一朵毒雲，籠罩舊金山灣區的每個人與每件事，扼殺所有工作與夢想。但很快的，Web 2.0 冒出頭來，加上 Google 已經迅速成長，接著還有臉書與推特等其他改寫規則並開創新局的企業加入行列，在矽谷吸引了另一代加入。儘管達康崩解餘悸猶存，投資者也不敢拿錢出來挹注這些賭注高但能扭轉世界的新點子，但更新一代的科技青年正探出頭來，發掘一些比短線的應用程式更有意義的新事物。另一波新的創新正逐漸升起，數位革命相較之下也失色許多。要乘上這波浪潮，創新者自然得具備同樣的熱情與飢渴，願意犧牲一切，就像本書記載的這些先行者一般。打從一開始，矽谷拓荒者一直都清楚，想要成功必須拿出勇敢無畏的冒險精神，以及多年奮鬥的過程。失敗為成功之母。這些人追求不可能辦到的創新，不只改變我們的生活，他們也發現了自己生命的意義。

# Acknowledgments

Since this project began twenty-eight years ago, so many people have helped me that it's impossible to acknowledge everyone who had an impact. I thank you profoundly and deeply regret any omissions.

# 誌謝

二十八年前，這個攝影計畫展開以來，我得到許許多多的幫助，委實不可能在此一一致謝。我深深感謝所有曾經參與的每一位，若有任何遺漏，也請接受我最深的歉意。

本書是視覺回憶錄，也是我對有幸目睹的每個事件進行的個人解讀。矽谷有許多專家與朋友曾耐心解答我的疑問，因此，無論是科技或其他方面的任何錯漏，都是我個人的失誤。

我要特別感謝賈伯斯願意冒險接受我的提議，慷慨恩准我進入他的世界；還有許多矽谷及各地的優秀人士讓我進入他們的生活，我要表達誠摯的感激。此外，我要對充滿耐性、幽默與老練的 Atria Books 編輯 Peter Borland 致上最深的謝意與無盡的敬意，他看似輕鬆又紮實地將本書化為完整的作品；也要謝謝敢於冒險、鼓舞人心的優雅發行人 Judith Curr；還有設計師 Julian Peploe，他的眼光獨到、深思熟慮，加上多年經驗，讓本書有了完美的呈現。還要

感謝 Atria 所有工作團隊，包括 Daniel Loedel、Dana Sloan、Jim Thiel、Isolde Sauer、Jeanne Lee、Kimberly Goldstein、Kristen Lemire、David Brown、Hillary Tisman、Dan Cuddy、Lisa Keim。能與各位共事，深感榮幸。

我永遠感激 Rick Smolan 與 Jennifer Erwitt 多年的友誼與適時的建議；謝謝 Rick 提議，要我一開始先找蘇珊·凱爾商量。謝謝蘇珊的開朗，打開了我通向未來的大門；還有她堅毅偉岸的同事——NeXT 共同創辦人丹諾·陸文的關鍵宣傳，並始終給我很多建議。特別感謝約翰·史卡利夫婦、約翰·沃納克、查克·葛許克、Marva Warnock、羅素·布朗、比爾·喬伊夫婦、Susan Rockrise、艾迪·李、John Ison 與薩米

爾·阿羅拉夫婦，他們花了許多時間聆聽與建議，並支持這個計畫。感謝《生活》雜誌的彼得·霍爾立即接受我的點子與長期計畫，才有今天的成果。謝謝艾利歐·艾維撥出時間看我的照片，在 90 年代便照亮我的路途，並持續這個計畫。

謝謝 Jefe Supreme Karen Mullarkey 銳利的眼光、充滿智慧的討論與鼓勵，她明智而謹慎的編輯這些影像，甚至親手數算這 25 萬張負片。謝謝 Jonathan Brieter、崔夏·詹、David Mauer 每天帶給我澄澈光明的友誼，與刀鋒般銳利的商業觸覺。感謝約翰·杜爾夫婦的熱忱與恆久的信賴，特別謝謝杜爾夫人，讓史丹福大學注意到我的攝影檔案。感謝 Mike Keller、Assunta Pisani、Andrew Herkovic、Roberto Trujillo、Henry Lowood 及 Tim Lenoir，再加上 Bill Gladstone、Surj Soni 的指導，都是讓我的作品獲得史丹福大學圖書館永久收藏的關鍵。我要謝謝史丹福大學圖書館的工作人員，特別是 Glynn Edwards、Lauren Scott、Stuwart Syndman、Bill O'Hanlon、Leslie Berlin。感謝 David Elliot Cohen 多年來耐心提出針砭，促我回到正確路途。謝謝最親愛的 Elodie Mailliet 以及蓋帝圖庫（Getty Images）的每一位，多年來以熱誠滋養我，付出許多心力。感謝 Brian Storm 在初期的付出與辛勞。謝謝 Tom Walker 從一開始便為這個計畫注入了薛西弗斯的精神，讓我十多年來保持推石上山的心態。感謝 Susan White 適時給我最需要的熱情鼓舞。謝謝 David Friend 永遠願意聆聽。謝謝 Jay Miller 在最艱困的時刻給我精神與法律支持。謝謝 Jean-Jacques Naudet 與 Shiva 努力向全世界宣傳我的作品。感謝 Dave Mendez 數年來為這個案子無私奉獻。我要感謝 David Whiteman 的事情很多，最主要的是他喜愛巴山基犬。感謝 Kristen Galliani 與 Chris Holmes 的有力友情與魔力。謝謝 Suzie Katz 的堅強無私，為所有攝影師提供指引。我要誠摯感謝 Bill Hunt、Howard Greenberg 以及 Ariel Shanberg 如此看重自己的工作。謝謝。

感謝 Susan 與 Dennis Stock 的深厚同志愛、漫長的討論與重要洞見。謝謝 Devyani Kamdar 與 David House 為我加油打氣，提供我需要的住宿。謝謝 Jennifer Fearon 永不休止的努力。感謝 Michelle McNally 珍貴的影像編輯。謝謝 Mary Virginia Swanson 構想本書並堅持到底。謝謝 Paul Foster 可愛的家人與夥伴，耐心慷慨地掃描影像。謝謝我的經理人 Joseph McNulty 以及 Emily Chao 照料我們的飲食起居。感謝國家地理影像（National Geographic Imaging），由 Jeff Whatley 與 Howard Hull 監督執行影像的精確掃描。感謝銀色數位影像（Digital Silver Imaging）的 Eric Luden、Christopher Bowers，他們想辦法將我的老式類比黑白負片轉為美麗無比的數位明膠銀鹽照片。感謝 Josh Marianelli 與 Molly Peters 多年來在我的工作室勤奮工作。也要謝謝工作室的經理人、攝影助理以及實習生，他們都貢獻了自己的才能。謝謝我過去的經紀人 Bill Stockland 與 Maureen Martel，以及 Stockland Martel 的出色團隊。感謝 Anette Ayala 毫不費力帶領我跨出步伐。當然我還要感謝我的妻子特瑞莎、兒子保羅，他們都非常勤奮而容忍我的執念與差旅不斷，這本書要獻給他們。感謝 Machados 家族的姐妹、兄弟、表親。謝謝我的妹妹 Stephanie 犧牲不少，只為了幫助我。感謝我的父母與全家人，從頭到尾給我支持，我要獻上永遠的感激與愛。

我同樣希望感謝以下諸位：

Thiana Anderson

Kirk Anspach

Ekaterina Arsenieva

Michael Ash

Mary K. Baumann

Steven Beer

Gene Blumberg

Michael Costuros

Gilles Decamps

Jim Demarcantonio

Maria Diehl

Jeff Dunas

Kent Dunne

Marten Elder

Ellen Erwitt

Rai Favacho

Mariana Fedalto

Kristina Feliciano

Demetrius Fordham

Caitlin Frackelton

Keith Gemerek

Gillian George

Dr. Paul Gilbert

Martin Gisborne

Tamika Harold

Michael Hawley

Polly Hopkins

Simon Horobin

Holly Stuart Hughes

Ekaterina Inozemtseva

Geoff Jarrett

Quinton Jones

Reese Jones

Daisy Jopling

Jon Kamen

Michael Keller

David Hume Kennerly

Douglas & Francoise Kirkland

Harlan & Sandy Kleiman

Julia Korotkova

Markos Koumalakis

Bill Kouwenhoven

Amy Bonetti

Chris Boot

Clive Booth & Mari Morris

Ruby Boyke

Steve Broback

Dan Broder

Joe Brown

Emily Leonardo

Jean François Leroy

Susan Lewin

Ellodie Mailliet

John Markoff

Lesley A. Martin

C. J. Maupin

Dan McCabe

Michael McCabe

Michele McNally

Phoebe Mendez

Jesse Miller

Alice Monteil

Eugene Mopslk

Martin O' Connor

Silvia Omedes

Khadijat Oseni

Andy Patrick

Nora Paul

Bob Peacock

P. J. Pereira

Jason Preston

Serena Qu

Joe Regal

Sascha Renner

Roger Ricco

Tom Rielly

Cat Ring

Tim Ritchie

Jeff Roberts

Andrew Rockrise

Marcel & Jean Saba

Michelle Sack

Paul Saffo

Doug Scott

Charlotte Burgess-Auburn

Tom Byers

Maryann Camilleri

Marc Carlucci

Rupa Chatervedi

Joshua Cohen

Kate Contakos

Karen Sipprell

Alicia Skalin

Phoebe & Jesse Smolan

Urs Stahel

Leonard Steinberg

Brent Stickels

Michael Strong

Jeff Summer

Olga Sviblova

Sina Tamaddon

Jay Tanen

Michael Tchao

Daniel Terna

Kathryn Tyrrel O' Connor

Kelsie Van Deman

Helena Velez Olabarria

David Walker

Thomas K. Walker

Ada Walton

Jill Waterman

Andy & Angela Watt

Debra Weiss

Jerrett Wells

Lauren Wendle

Olga Yakovleva

Duan Yuting

# FEARLESS GENIUS

The Digital Revolution
In Silicon Valley
1985 - 2000
DOUG MENUEZ

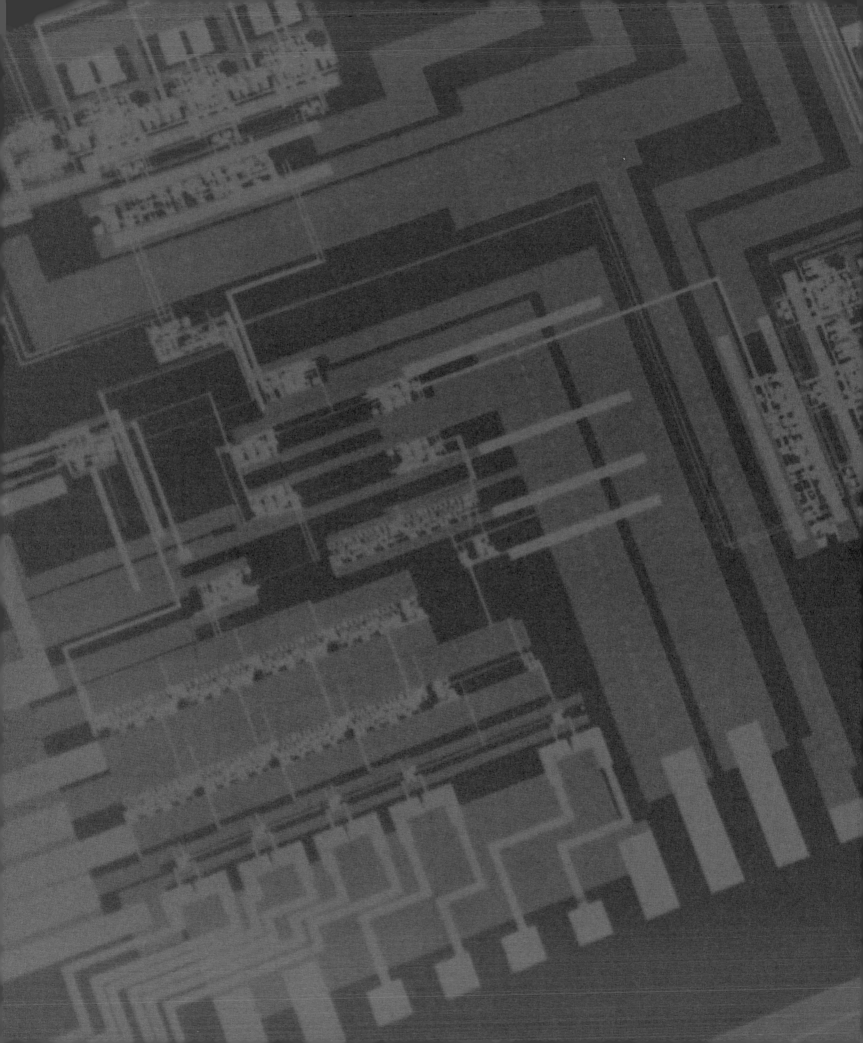